艺术城市基本理论与评价指标体系

刘　彤　蒋骏雄　付海燕　王　蕾　著

知识产权出版社

全国百佳图书出版单位

图书在版编目（CIP）数据

艺术城市基本理论与评价指标体系/刘彤等著 . —北京：知识产权出版社，2013.9
ISBN 978-7-5130-2313-9

Ⅰ.①艺…　Ⅱ.①刘…　Ⅲ.①城市景观—景观规划　Ⅳ.①TU-856

中国版本图书馆 CIP 数据核字（2013）第 231216 号

内容提要

本书详细阐述了"艺术城市"的概念内涵与评估理念，并为"艺术城市"建设建立全套完整指标体系，指标涉及生态环境健康、社会和谐进步、经济蓬勃高效、艺术特色鲜明 4 个方面，作为创建"艺术城市"总体规划编制的依据，明确创建"艺术城市"的目标和方向。这一指标体系是指导"艺术城市"建设的中国首个指标体系。

责任编辑：于晓菲　　　　　　　**责任出版：刘译文**

艺术城市基本理论与评价指标体系

YISHU CHENGSHI JIBEN LILUN YU PINGJIA ZHIBIAO TIXI

刘　彤　蒋骏雄　付海燕　王　蕾　著

出版发行：知识产权出版社 有限责任公司	网　址：http：//www. ipph. cn
电　话：010-82004826	http：//www. laichushu. com
社　址：北京市海淀区马甸南村 1 号	邮　编：100088
责编电话：010-82000860 转 8363	责编邮箱：yuxiaofei@ cnipr. com
发行电话：010-82000860 转 8101/8029	发行传真：010-82000893/82003279
印　刷：保定市中画美凯印刷有限公司	经　销：各大网上书店、新华书店及相关专业书店
开　本：720mm×960mm　1/16	印　张：12.75
版　次：2014 年 7 月第 1 版	印　次：2014 年 7 月第 1 次印刷
字　数：199 千字	定　价：45.00 元

ISBN 978-7-5130-2313-9

目　录

第一章 "艺术城市"概念和内涵

第一节 "艺术城市"概念

一、背景

当前，我国正大力倡导发展文化创意产业，推动文化产业成为国民经济支柱产业。北京、杭州等地的文化创意产业对 GDP 的贡献率已经超过 12％，文化创意产业对一个地区或城市经济的推动作用越来越明显。国际上一般认为，一个产业的增加值占到 GDP 的 5％以上，该产业就是当地的支柱产业；占到 GDP 的 8％以上就是战略性支柱产业。如果按照这一标准，北京、杭州等地的文化产业已经成为当地名副其实的战略性支柱产业。更为重要的是，文化创意产业是创造力、智力产业，其核心是文化底蕴、创造力和知识产权。文化创意产业是在时代的政治、文化、经济背景下的技术、经济与文化的交融，是一种高风险、高附加值、资源节约的生态型产业，不需要占用任何自然资源，不会带来污染，不会破坏环境，完全符合科学发展观的要求。

文化创意产业的核心是创意。中国五千年文明丰厚的文化积淀、独特的地域风貌、五十六个民族的民俗民间风情、绚丽的山水风光和浩瀚的人文景观，成为我国发展文化创意产业得天独厚的土壤；文化创意产业最为关键的要素是人。我国文化创意产业方面的人才并不缺少，只要善于创造和创新，文化创意产业成为我国的支柱产业是完全可能的。

然而，由于多方面的原因，目前我国的地方建设项目，尤其是城市建设和旧城改造项目中，"长官意志"项目、"献礼"项目、"任期业绩"项目居多，出现了一系列违背科学规律、背离中国文化的"假大空"现象。比如，城市公共艺术建设，动辄花费数千万甚至数亿元，为赶工期，制造了一批既没有当地城市特点，又缺乏民族性和艺术性的"城市垃圾"；对历史文化遗存的改造只作表面文章，没有对文化遗产进行科学的保护与合理利用，反而采用了破坏性的"外包装"，导致大批文物和文化遗存遭到损坏，甚至湮灭；有些地区放着老祖宗留下的珍贵的文化遗产不去弘扬，而是采取所谓"引进国外先进创意"的做法，最终形成了没有自己特色、千篇一律的城市面貌……诸如此类，不一而足。

鉴于上述情形，我们从城市建设，特别是公共艺术建设以及旧城改造角度提出"艺术城市"概念，以抛砖引玉，引起各方面关注，重视我们的传统文化。在文化创意产业发展中，保持民族性、独特性，保护和利用好中华五千年文明历史遗留下来的最珍贵的历史人文景观，使其在我国文化创意产业发展中起到应有的、真正的作用。

2010年12月，"海峡两岸文化创意产业合作与发展论坛"在厦门举行。该论坛由全国高校文化管理类学科建设联席会议组委会、福建省社会科学界联合会、厦门市社会科学界联合会、厦门市社会科学院联合主办。来自上海交通大学、南京大学、同济大学、山东大学、台湾大学等80多所高校的文化产业领域的专家学者，以及海峡两岸文化创意产业界的人士共300多人参加了论坛。刘彤、蒋骏雄应邀参加论坛，并发表主题发言《艺术让城市更美好——浅谈"艺术城市"概念》，首次提出"艺术城市"概念。

二、概念

"艺术城市"是一个城市根据其民族文化特点、地域特点、自身的文化定位，综合运用历史文化、民族文化艺术、当代综合艺术和各种环境艺术，所形成的体现该城市在世界范围"唯一"性的，以独具风格和风貌的城市建筑、城市公共艺术、城市文化为代表的个性化的城市符号。

从广义上讲，"艺术城市"是以一个国家与民族的历史文化为依据，规划一座城市的建设，包括在旧城改造中保留历史文化、历史风貌，同时重塑城市功能。由此可以看出，"艺术城市"是依照"以人为本"的原则，遵循文化艺术规律而建立起来的，具有历史性、传统性、民族性、地域性、独特性的城市设计、公共艺术，具有可持续发展的文化内涵的人类聚居环境。

"艺术城市"的理念是提高人类对城市文化、文明系统的自我调节、修复、维持和发展能力，使人、民族、文化、环境、艺术融为一体，互惠共生。同时，"艺术城市"也是以吸取自然和文化知识为取向，尽量减少对生态环境、历史文化遗存的不利影响，确保旅游资源的可持续利用，将生态环境保护、文化遗产保护、公众教育与促进地方经济社会发展相结合的城市建设方式。

在经济全球化的今天，每个城市都以它不同的文化特色突出自身的亮点和影响力。文化特色越强，城市影响力就越大，社会经济发展就越快。主题文化是形成"艺术城市"唯一性的文化形象和品牌概念。构建"艺术城市"主题文化的目的和战略意义，就是塑造"艺术城市"主题文化内核、铸造主题精神气质、张扬主题经济态势、彰显主题建筑风格，以此形成"艺术城市"历史文化、民族精神、社会经济、城市形象的高度统一和完美结合。从而形成"艺术城市"独一无二的形象和品牌，并拥有核心竞争力。当一座城市以特定的主题文化为核心形成一系列凝聚着丰富民族民间文化的雕塑群或建筑群，那么该城市无论是建筑风格，还是地域特点，以至于整个城市的格调、色彩，必将交融、辉映形成一种独有的艺术氛围。这种独有的艺术氛围会令该城市独具风貌，这种独具风貌鲜明乃至唯一，从而成为这个城市的符号，并自然而然地成为"城市名片"，此时"艺术城市"就得以形成，其所产生的文化效益、社会效益和经济效益都将是巨大的，同时是可延续久远的。

创造"艺术城市"要结合生态旅游、文化旅游，挖掘当地未挖掘的历史和传统文化，形成地域性特色城市；要将"艺术城市"观念与大文化产业观念相结合；在当前中国大量的旧城改造（尤其是县级城市改造）工程中，一定要本着创造"艺术城市"的理念进行规划；要站在全球旅游、特色旅游的角度去规划。重视"艺术城市"概念，并以此理念指导城市规划，将会让城市形象更加鲜明，更加美好。

"艺术城市"概念得到了与会的海峡两岸学者、业界人士的普遍认同，引发了强烈的反响。大家普遍认为，"艺术城市"理念具有历史使命感、责任感，与时俱进，切中要害，对当前我国经济社会发展具有极强的指导性。

《艺术让城市更美好——浅谈"艺术城市"概念》学术论文于 2011 年 9 月发表在《中国文化产业评论》第 14 卷"理论与政策"专栏。

三、创建"艺术城市"概念样板县的实践

近十年来，中国城镇化进程明显加快，城镇化率每年大约提高 1 个百分点，并在 2011 年首次超过 50％。专家据此速度预计，到 2020 年，中国城镇化率将超过 60％，这预示着城市和农村即将面临更深刻的变革。在城镇化的进程中，既有不可逆转的大趋势，也有不可回避的新问题。

以往，在我国的城市规划体系中，土地功能和经济功能被作为主要内容，城市特色文化建设在规划中的地位被忽视。导致城市空间规划偏重功能设计，严重缺失对城市主题文化的设定，城市空间形态没有建立在城市主题文化的基础上。目前，随着我国社会经济体制的转型和城乡一体化步伐的加快，以单一"土地使用功能"和"基础设施建设"为主的传统城市规划做法，无疑已不适应城镇化发展的需要。

党的十八大提出了"四化同步"的战略思想，做出了推进经济结构战略性调整、推动城乡发展一体化等战略部署。十八大报告提出，要坚持走中国特色新型城镇化道路。中央经济工作会议更是把城镇化提到另一个高度，提出要提高城镇化质量，走集约、智能、绿色、低碳的新型城镇化道路。

新型城镇化是一个促进经济社会更加协调发展的过程，更是一个城乡各方面利益关系大调整的过程。目前来看，各地方政府在具体实施的过程中，依然存在盲目追求铺大摊子、延续以往城镇化问题的可能和风险。在新型城镇化进程中，如何避免重蹈覆辙？如何解决由于传统城市规划模式僵化所导致的目标趋同、功能重复、产业同质、形象单一，特别是"千城一面"的特色危机等一系列问题？城镇特色文化建设被提高到战略高度，城镇特色化已成为新型城镇化进程中亟须解决的首要问题。

以"艺术城市"概念指导城市规划建设，是对我国城镇化由速度扩张向质量提升转型新模式的有益探讨。"艺术城市"概念与党的十八大提出的"文化强国""美丽中国""生态文明"建设、"走新型城镇化道路"精神高度契合。目前，这一概念已经扎实落地国际旅游胜地——桂林。中共灌阳县委、县

人民政府，抓住国家发展改革委批复《桂林国际旅游胜地建设发展规划纲要》的机遇，大胆决策，决定以"艺术城市"理论为依据，举全县之力，创建"艺术城市"概念样板县，基于"艺术城市"这一创新概念，探索以文化旅游产业带动新型城镇化建设和城乡一体化发展的模式。

中共灌阳县委、灌阳县人民政府专门成立了以县委书记、县长、县人大常委会主任、县政协主席为总指挥长，以相关县四套班子领导以及县直部门、乡镇主要负责同志为主要领导的灌阳创建"艺术城市"特色县指挥部。"艺术城市"概念的创建者蒋骏雄、刘彤受邀任灌阳创建"艺术城市"特色县总策划、总设计。《人民日报》"中国区域经济发展论坛"2013年3月20日以整版篇幅刊载"艺术城市"概念及其在桂林的实践，充分肯定了"艺术城市"概念的创新性、前瞻性、可操作性和对社会实践的指导作用。

"艺术城市"特色县总体规划坚持高起点、高标准、科学性、前瞻性的原则，既符合上级的重大部署和政策导向，符合《桂林国际旅游胜地建设发展规划纲要》提出的目标、定位和举措，又着力解决传统城镇规划模式导致的目标趋同、功能重复、产业同质、形象单一、千城一面等问题，彰显灌阳特色。通过特色城镇化的全球推广，塑造世界级的特色城镇品牌，努力实现资源利用的广泛性和发展利益的最大化，促进城乡一体化、农村城市化进程，达到县域经济与文化的高度融合；达到城镇的精神文化、物质文化、管理文化的高度统一；实现城镇的文化产业同产业文化的双向促进。

第二节　"艺术城市"的特点

"艺术城市"概念的核心内涵是通过城市雕塑、公共艺术建设凝聚和彰显每个城市的历史文化、民族性、地域性和独特性。

一、"艺术城市"具有历史性

城市的魅力来自历史文化。

任何一座城市都是历史的产物，都有着不同于其他城市的历史传统。而在每一座城市的背后都隐藏着丰厚的人文历史与典故。城市的记忆，林林总总、点点滴滴，构成了城市的历史文脉，体现出城市的文化价值。而年代久远的建筑艺术品，用它经过岁月淘洗的美趣，静静展示这个城市的历史。

历史文化的底蕴越来越成为一个城市弥足珍贵的财富，成为一个城市气质和风韵的重要内涵。很难想象，失去了历史文化印痕，失去了承载历史文化基因的街道、建筑、文物、古迹的城市能有多大魅力。城市文化遗产，不仅是市民的精神家园和集体记忆，也构成我们今天生活的重要背景；不仅能强化人们的乡土意识和爱国情感，也是现代文明的宝贵源泉。

作为历史文化的构成部分，城市艺术代表了这个城市、这个地区的文化水准和精神风貌。建筑是凝固的音乐，是展现思想和情绪的载体，是活着的古代史和近代史。特别是那些堪称经典之作的老建筑，每一座老建筑就像一本生动鲜活的历史教科书，蕴藏着值得回味的历史典故和文化故事。从一定意义上说，老建筑就是一座城市的文化面孔。老建筑作为时代信息的载体，是一定时期城市文化的积淀，一个标志性的老建筑群体甚至会成为一个城市的象征，代表着一个城市特有的风貌。城市雕塑正如史书上的插图，记载了不同时代的历史和文明，记载着不同时期人们的生活条件、状况与精神追求，看不同时代的雕塑就像读不同年代的教科书，每个时代都给人以不同的思考和借鉴。一些城市中的优秀城雕作品以永久性的可视形象使每个进入所在环境的人都沉浸在浓重的文化氛围之中，感受到城市艺术气息和城市的脉搏。

中国传统建筑是一个既有艺术形象，又具有物质功能的建筑物。无论是宫殿、寺庙、陵墓还是园林、住宅，它们的个体和群体形象都是一个时期政治、经济、文化、技术诸方面条件的综合产物。充分体现出当时的规划和营造者的技术和艺术手段，揭示出古代营造者们的规划思想与具体的设计手法。正如中国建筑历史科学的奠基人梁思成先生所说："传统建筑之所以长寿，是因为文化的一气呵成。"这种一脉相传的连续性，使之在现代社会中依然具有很强的生命力。

传统建筑发展有着自身清晰的脉络。在某种程度上讲，它完成了现代建筑正在寻求的通向艺术形式多元化的途径。传统建筑是社会平衡和认同的结果，个性化的审美几乎与社会化的审美达到了完美的统一。传统建筑是一种文化现象，其他因素包括自然、地理、气候等，尽管同时发挥着重要作用，但有时候也不得不向人文因素屈服。在不少城市，老（旧）建筑被视为落后的象征，先是被推土机夷为平地，然后是高楼在原地拔地而起。然而，在美国生活多年的加拿大籍社会学家简·雅各布斯（Jane Jacobs, 1916～2006）早在1961年就在《美国大城市的死与生》中提醒人们：一个地区的建筑应各色各样，应包括有适当比例的老建筑。没有那些破旧的老建筑，城市很容易失去活力——面对着那些曾经栖息着人类欢笑悲伤的老建筑，"征服"有时也会变成贬义词。

保护旧城是国际社会的共识。瑞士人认为，轻易拆除旧建筑，就是丢掉历史。他们的苏黎世完整保留了中世纪的各种建筑；法国人认为，保护城市历史文化的连续性，不仅要保护文物建筑，还要保护成片的历史地段、旧城的历史格局和历史风貌。我国著名的建筑学家梁思成曾为北京古建筑的保护殚精竭虑。包括历史文化名城在内的我国一些城市，由于不懂"历史文化印痕"的价值，不重视新区建设对旧城的疏解，出现了摧残旧城的短见行为。如何保留、保护那些不可再生的历史文化精华，是个严峻的问题。生态环境的破坏或许还能弥补，历史环境和城市文化遗产一旦破坏，就不能复得，损失无法估量。城市建设的决策者们应该本着对历史负责、对人民负责、对后代子孙负责的态度，正确处理现代化建设和历史文化保护的关系。

德国慕尼黑

德国慕尼黑以其悠久历史为骄傲，为了保护旧城特色，旧城中绝对禁止兴建高层建筑，为此，屈指可数的几幢高层办公楼均在旧城外，如宝马办公楼、抵押银行大楼。20世纪70年代以后，旧城的建设除了严格保持具有历史价值、艺术特色的建筑之外，还开始了旧城修复或修补工作，也就是不再大规模拆除城内旧建筑，尤其不拆除临街建筑，必要时保护旧式建筑的立面；调整街区内部的建筑布置，以形成较为宽敞的街区内部空间。这样可以使一些街区的内院也能够对外开放，如阿玛林步行街、希波步行街等。

西班牙巴塞罗那

西班牙巴塞罗那是一个被国际建筑界公认的将古代文明和现代文明完美结合的城市。早在170年前，这座城市的每一座建筑都得到了妥善保护。巴塞罗那这座千年古城，为此上演着一个让世人着迷的"双城"故事。在巴塞罗那，老建筑与新建筑和谐相处，这种融洽渗透到了每一个角落，但又不会让人感到突兀。这一切归结于巴塞罗那对老建筑精心的保护和"以旧修旧"的城市改造原则。对于他们而言，大拆大建与这座城市的性情格格不入，而这一理念早在170年前就得到了重视，并颁布法令予以保护。170年前就已经浸入巴塞罗那人骨子里的老建筑保护意识，让他们在推动旧城改造时，对老建筑小心翼翼地去保护。正如巴塞罗那历史建筑与艺术遗产保护局局长约迪·罗根特所说，这些建筑不同于雕塑、绘画，放到不同的地方，价值绝对不一样，它们就如散落在巴塞罗那城市里的珍宝，需要被精心地保护起来。

蕴含历史文化的优秀传统建筑，在适应当地气候、维护自然生态环境平衡、运用当地技术以及体现可持续发展等方面，均有自身的优点；就其社会作用来看，它还有强大的凝聚力，在促进社会的稳定与人际关系和谐方面，发挥着重要作用，因而是人类文化的宝贵财产。历史告诉我们，城市和城市文化的积淀与资本积累是同时形成并完善的。我们不能将城市中的历史街区，将城市中的建筑和雕塑仅仅看作是掠夺的对象，任何城市的演变都是城市的历史引入新元素、新精神的结果。城市的历史和历史建筑应当是我们的资源，是城市的特色，而不应当被看作城市建设的障碍。

所以，注重城市的历史文化，不但要重视静态的历史文物保护，而且必须重视动态的传统文化的更新和发展。因此，我们应努力寻求传统文化与现代生活方式的结合点，不断探索传统建筑逻辑与现代建筑逻辑、传统技术与现代功能、传统审美意识与现代审美意识的结合方式，把人类优秀的传统文化融汇至现代建筑文化之中。

在城市规划和建筑领域，我们一方面应当学习国际先进经验，另一方面也必须应对国际新式建筑文化的冲击，保护并发展中国城市与建筑的特色文化个性，使中国建筑真正走向世界。

吴良镛说："改革开放后，现代建筑形形色色的流派铺天盖地而来，建筑市场上光怪陆离，使得一些并不成熟的中国建筑师眼花缭乱。不足20年光景，尽管房子建设了不少，但是千城一面的问题日渐突出。一些未经过消化的舶来品破坏了原有城市的文脉与肌理。不少地方为了片面追求特色，追求同其他城市不一样的建筑设计，什么都想国际招标。经过几年的摸索，这些国际公司也逐渐'领悟'到了，合理的设计一般都不行，要用怪招。于是，一幢幢不讲究工程、不讲究结构、不讲究文化的标志性建筑在各地拔地而起。"吴良镛说："我不反对标新立异。但片面追求建筑表面样式，已经将中国建筑创造引入歧途，到了不能不加以正视的地步。有些地方的标志性建筑，让人看了以后除了震撼，不会有别的感觉！它们没有灵魂，而建筑和城市之魂是文化。我们必须强调历史文化在城市建设中的核心地位。中国建筑现在正失去一些基本准则，有一些人漠视中国文化，无视历史文脉的继承和发展，放弃对历史文化内涵的探索，使中国建筑失去人文精神，这显然是一种误区。中国建筑师必须明白，建筑形式的精神要义在于植根于文化传统！"

二、"艺术城市"具有民族性

城市建筑凝结着一个城市的历史、文化和精神，具有很强的文化性和精神性，是一个城市的"魂"。城市雕塑作为表达人们思想、情感、精神追求，体现人们审美理想的艺术语言之一，也必然具有鲜明的民族性。要站在城市的人文、地理、历史、文化的高度来对待城市建筑与城市雕塑的创作。

不同的民族有着不同的文化、不同的风俗，所以在建筑艺术的表现上也是千差万别的，在其所创造出的建筑中展现了本民族的风俗、文化，闪烁着智慧的光芒！比如，中国古代建筑，其中一个重要的特征就是具有鲜明的人文主义品格，即集中体现了中华传统文化与精神。在中国传统文化体系中，"礼"一直贯穿于其中。在建筑方面，礼成了传统礼制的一种象征与标志，大到城市、建筑组群、坛庙、宫堂、门阙、庭院、台基、屋顶形式、建筑面阔和进深，小到斗拱、门钉、装饰色彩等，都纳入礼的规制。辨尊卑、辨贵贱的功能成了建筑被突出强调的社会功能。从周代开始，已经出现了建筑的等级差别。《考工记》记述了西周的城邑等级，将城邑分为天子的王城、诸侯的国都和宗室与卿大夫的都城三个级别，规定王城的城墙高九雉，诸侯城楼高七雉，而都城城楼只能高五雉等。再比如，具有鲜明哥特式建筑风格的巴黎圣母院，由于采用了框架式的肋骨拱券结构等，形成了统一向上的旋律和高耸削瘦的整体风格，这样就很好地表现出一种虔诚的向往和与上天接近的意思，并且在平面设计上采用十字架来象征基督教精神。再比如，远近闻名的泰国大皇宫，其主殿——

节基殿是国王举行就职大典的地方，是泰西合璧的宫殿。它建于 1876 年，共 3 层，基本结构属于英国维多利亚时代的建筑艺术，而殿顶却采用了纯泰国建筑的屋顶，典型的泰国 3 座锥形尖塔风格（图 1-1）。不难看出，在泰国传统文化中人们总是把尊贵的东西放在高处，把低微的放在下面，这是一个民族的特性，也是一个民族的文化。

图 1-1　泰国皇宫节基殿

强调建筑艺术的民族性是非常有必要的。特别是在经济全球化和信息大爆炸的当下，注重建筑艺术的民族性有积极的意义。城市建筑语言只有具有民族性，才具有世界性，才能在世界艺术之林中存在且独具魅力，也才能真正具有生命力。试想，如果我们一味地与外来文化趋同、融合，一味地只求同，不存异，那么我们将看不到风格迥异的建筑艺术，我们将失去因民族性而大放异彩的各民族的智慧结晶。

三、"艺术城市"具有地域性

城市建筑是一个地区的产物，世界上没有抽象的建筑，只有具体的地区的建筑，它总是扎根于具体的环境之中，受到所在地区的地理气候条件的影响，受具体的地形条件、自然条件以及城市已有的建筑地段环境所制约，这是造就建筑形式和风格的一个基本点。

城市建筑的地域性从广义上来讲，它首先受地理的气候，区域的影响，比如说在我国南方地区，炎热地区跟北方寒冷地区的建筑显然是不同的。即使是同一个地区，山区的建筑和滨河的建筑也是不同的。

广东属于岭南大区域，亚热带海洋气候，日照时间长，高温、多雨、潮湿，四季长青，所以人们往往形成一种喜爱室外活动、崇尚自然的习惯。建筑处理着重通风、遮阳、隔热、防潮，于是逐渐形成了岭南建筑的轻巧通透、淡雅明快、朴实自然的建筑风格。骑楼是广州老城区的主要建筑格局（图 1-2）。

图1-2 广州老城区的骑楼

上海是东亚最重要的国际性都市之一，形成了海纳百川的"海派文化"。上海的近代建筑表现出广泛的地域风格，涵盖了英国式、德国式、法国式、意大利式、西班牙式、地中海式、美国式、印度式、日本式、俄国式、北欧式以及伊斯兰建筑的风格，被称为万国建筑博览会。站在黄浦江边上，从北到南举目望去，矗立在西面一字排开的高高低低、样式各异的建筑物，凡是形成风格的异国建筑,都可在这里一睹风采(图1-3)。

图1-3 上海外滩的近代建筑

好的城市建筑作品,常常恰如其分地反映出地域与时代的某些特征:迈耶的德国法兰克福博物馆以轴线和单元旋转表述了"新与旧"的关联;北京菊儿胡同的改造工程,贝聿铭的香山饭店,云南民族博物馆,厦门高崎机场候机楼,上海金茂大厦对中国"塔"的联想等。

地域性建筑是自然适应性、人文适应性、社会适应性的统一,从空间角度看,内部环境更多地体现了人文适应性和社会适应性,而外部环境则主要体现了自然适应性。地域性建筑的魅力是由表及里的,是历史的传承。

地域性建筑显示了一定的适用性、经济性和生态性,各地的地域性建筑因当时当地的交通、经济及政治等条件的制约,形成了朴素的世界观,在建造上是自发的因地制宜，就地取材，成为没有建筑师的建筑典范。

四、"艺术城市"具有唯一性

在当今信息化、全球化时代，存在着因大量"克隆"建筑而造成的"千城一面"，建筑失去风格的社会现象。

一个城市是否具有吸引力，是否具有竞争力，很重要的一点是看它对历史资源的传承和文化要素的挖掘。城市建筑是一个城市的地理环境、历史文化、审美风格的综合体现，是多方面因素融合的凝固艺术。城市建筑具有承载文化意向、传承地域文脉的权利和责任。

所谓地标建筑，往往被视作一个区域甚至城市的标志。提起它，脑中也就会直接与其所在的城市对接，就像伦敦塔桥之于伦敦，凯旋门之于巴黎，帝国大厦之于纽约……

从这些地标建筑上，我们看到的不仅仅是高度和震撼，更多的应当是一个城市的脉动和走向。因为高度作为物理数据只能承载有限资源，而只有地标建筑内部所融入的独具城市魅力的唯一性，才是其作为城市地标的最重要方面。

伦敦塔桥是英国泰晤士河上 30 多座桥梁之一，位于伦敦塔附近，建于1886 至 1894 年，因桥身由 4 座塔形建筑连接而得名。中间桥墩上的两座主塔高 42.7 米，高高耸立于泰晤士河上。塔成四方形，顶上有尖塔耸立，四周有4 座小塔和 4 座尖阁环立，建筑风格古朴凝重，雄伟壮观（图 1-4）。

图 1-4　伦敦塔桥

　　巴黎圣母院是一座典型的哥特式教堂。它在建造时全部采用石材，其特点是高耸挺拔，辉煌壮丽，整个建筑庄严和谐。雨果在《巴黎圣母院》中比喻它为"石头的交响乐"。巴黎圣母院之所以闻名于世，主要是因为它是欧洲建筑史上一个划时代的标志。在它之前，教堂建筑大多数笨重粗俗，沉重的拱顶、粗矮的柱子、厚实的墙壁、阴暗的空间，使人感到压抑。巴黎圣母院冲破了旧的束缚，创造一种全新的轻巧的骨架，这种结构使拱顶变轻了，空间升高了，光线充足了。这种独特的建筑风格很快在欧洲传播开来（图 1-5）。

图 1-5　巴黎圣母院

　　1984 年 7 月 27 日，一头铜雕的大牛立在了深圳市委大楼前，雕塑开始取名为"开荒牛"，后改为"孺子牛"，最初立在市委办公院内，一般百姓难得一睹真容。1999 年 2 月，市委大院后退 10 米，铜雕迁至大院门口的花坛上，矗立在了车水马龙的深南路旁。城市日夜不停地变迁，人们川流不息地来去，深圳注定不会平凡的命运故事将永远演绎，所有的主角、配角、演员和观众最终都会老去，都会退出舞台，都会化作烟尘，只有这头默默无言的牛，能永远地站立在这个城市的中心（图 1-6）。

图1-6 深圳城市雕塑《孺子牛》

青岛五四广场北依市政府办公大楼，南临浮山湾，位于东部新区，市政府大楼南侧，有大型草坪、音乐喷泉，以及标志性雕塑《五月的风》，以螺旋上升的风的造型和火红的色彩，充分体现了"五四运动"反帝反封建的爱国主义基调和张扬腾升的民族力量。对面海中有可喷高百米的水中喷泉，整个景区的氛围显得宁静典雅、舒适祥和。这里已成为21世纪青岛的标志性景观之一（图1-7）。作为"城市名片"，城雕最突出的个性就是唯一性，坐落在兰州市滨河中路黄河南岸的《黄河母亲》20多年来，早就和兰州的城市文化融为一体了（图1-8）。

图1-7 青岛五四广场标志性雕塑《五月的风》

图1-8 兰州城市雕塑《黄河母亲》

以"艺术城市"概念为指导，充分利用城市丰富的历史文化、人文文化遗存进行城市规划建设，将会让城市形象更加鲜明，更加美好，将会产生一大批经得起历史考验的，又极具个性风格的艺术城市、文化城镇，它们必将会使民族文化升华，同时，为城市带来规模化的文化产业经济效益。

第三节 国际"艺术城市"典范

纵观古今中外，凡是以富于民族性、地域性的深厚传统文化孕育而成的特色城市，同时又以雕塑形态存在的艺术城市，历经数百年乃至数千年，其经典的雕塑文化至今依然是这个城市的文化符号（雕塑是空间侵略的艺术，建筑也是雕塑艺术，也是城市的文化符号）。如欧洲的威尼斯、罗马，我国的老北京城、敦煌……

威尼斯

闻名于世的威尼斯水城，位于意大利东北部亚得里亚海滨。大文豪莎士比亚的文学巨著《威尼斯商人》就是发生在这里的故事。法国 20 世纪伟大的小说家，意识流小说大师普鲁斯特说过："几乎所有有趣的、吸引人的、伤感的、难以忘怀的、奇特的东西造就了今日的威尼斯……"

威尼斯建在最不可能建造城市的地方——水上。威尼斯的风情总离不开"水"，蜿蜒的水巷，流动的清波，就好像一个漂浮在碧波上浪漫的梦，诗情画意久久挥之不去。威尼斯外形像海豚，城市面积不到 7.8 平方公里，却由 118 个小岛组成，177 条运河蛛网一样密布其间，这些小岛和运河由 400 多座桥相连。整个城市只靠一条长堤与意大利大陆半岛连接。城市以河代街，以船代步，是一座为世人仰慕的美丽城市。

威尼斯筑城的方法是先在水底下的泥上打下一个挨一个的大木桩成为地基，再铺上木板，然后盖房子。所以有人说，威尼斯城上面是石头，下面是森林。当年为建造威尼斯，意大利北部的森林全被砍完了。水下的木头不会腐烂，而且会越变越硬，历久弥坚。此前考古者挖掘马可·波罗的故居，挖出的木头坚硬如铁，出水后，接触到氧气才会腐朽。

威尼斯这座美丽绝伦的古城有 100 多座教堂，120 多座钟楼，数十座修道院，几十座华丽的宫殿。有毁于火中又重生的凤凰歌剧院，徐志摩笔下忧伤的叹息桥，伟大的文艺复兴和拜占庭式建筑，世界上最美的广场之一——圣马可广场。圣马可大教堂有许多美妙绝伦的壁画和雕像，有美得令人窒息的回廊。大师安东尼奥尼的电影中最美的片段有一些就是在这儿拍摄的。诞生于 1932 年的威尼斯电影节是世界上第一个电影节，它比戛纳电影节早 14 年，比柏林电影节早 19 年。每年的 8 月底到 9 月初的两周里，意大利水城威尼斯是世界影坛的焦点。这里是文艺复兴的一个重镇，产生过历史上最重要的画派之一——威尼斯画派。德国音乐大师理查德·瓦格纳在这里与世长辞……这个城市昔日的光荣与梦想通过保存异常完好的建筑延续到今天，她独特的气氛令游人如受魔法，凡是来过威尼斯的游客都恋恋不舍，乐而忘返。威尼斯拥有 6 万居民，每年接待游客 2000 多万人，旅游业收入超过 20 亿美元，被誉为地中海最著名的集商业、贸易、旅游于一身的水上都市。

罗马

建筑之都罗马，是意大利政治、历史和文化和交通中心，同时也是古罗马和世界灿烂文化的发祥地，已有 2500 余年的历史。它是一座艺术宝库、文化名城，也是世界最著名的游览地之一。

罗马艺术的最高成就体现在无数的公共艺术建筑上。罗马人修筑了规模浩大的道路、水道、桥梁、广场、公共浴池等设施。谈到"罗马柱"、"罗马雕塑"，人们不能不为其传统的风格、恢弘的气魄以及独特的建筑魅力而赞叹。最早的罗马建筑艺术来源于希腊，但由于罗马人更注重实用和现实生活的享乐，在希腊主要是为神庙增色的技术很快用于为人服务的大型公共建筑，宏伟的竞技场、公共浴室、广场、水道在城市中发挥着重要作用。罗马人爱好奢华，经常在典型的希腊造型基础上加以改造，比如在多利克式柱的柱底再加一个柱基，把爱奥尼亚式柱头上的卷涡造型加在科林斯式柱头上得到复合式柱头，令建筑形式更为繁复华丽。在罗马帝国更强盛的时代，建筑中就开始更多地体现出罗马民族的个性和特点，如拱门与拱顶的大量使用，在建筑史上写下了新的一章。

古罗马雕刻艺术在肖像雕刻方面也取得了卓越的成绩。罗马人有为先人雕像的传统，因此对肖像的逼真传神有着极高的要求。早期罗马作品受希腊雕刻艺术的影响，人物形象极度理想化。为数众多的奥古斯都像就是典型例子：雕刻家把矮小跛脚、体弱多病的奥古斯都表现成高大健美的统帅，具有运动员一般的体魄和英雄气概，脸庞也接近希腊雕刻一般的完美。罗马帝国时期，肖像雕刻中写实风格流行，出现了具有强烈的个性和复杂的内心世界描写的肖像。

罗马的建筑艺术城市主题文化，不仅仅是停留在罗马城本身的建筑物上，其最大的成就还在于它主导了整个西方的古典建筑形式。这种建筑文化的输出为罗马带来了巨大的声誉。这种向外的扩散趋势最大限度地提升了罗马的城市知名度和城市吸引力，无数的建筑学者都为能到罗马亲身体验古代建筑的伟大而激动，无数的游客不远千里来感受这种废墟带给人的震撼。罗马的建筑文化为其在现代的城市竞争中赢得了无上的荣耀，使罗马的建筑艺术不仅仅局限在城市的发展品牌上，甚至在城市影响力上，都成为世界瞩目的焦点，迎接着全世界的学者和游客。

对建筑的强烈向往大大刺激了罗马的旅游产业，每年都有数以千万计的游客涌入罗马，来参观那些闻名已久的古代艺术建筑。罗马市的旅游业直接收入占到全市收入的四分之一，间接收入更是多达一半以上。因旅游而兴、因旅游而富的罗马把古罗马建筑遗存的作用发挥到极致，也利用到极致。在罗马，每一块石头都是钱。

罗马艺术城市的建筑主题文化不但得到了很好的利用，为城市创造了巨大的经济利益，而且还为城市的文化贡献着自己的力量。罗马人的绘画、雕塑、戏剧、诗歌等文学艺术作品很多都是以罗马的建筑为蓝本，其中最著名的就是电影《罗马假日》，在圣彼得大教堂广场前的奥黛丽·赫本给观众留下了非常深刻的印象。好莱坞众多的影片都选在了罗马拍摄，正是因为这里有着浓郁的古典建筑氛围，无数与西方古典文化相关的艺术作品无法绕开罗马的这些伟大的艺术建筑遗存。

北京

北京是有着3000年历史的世界闻名的历史古城、文化名城，是全国的政治、交通和文化中心。这里荟萃了中国灿烂的文化艺术，拥有众多名胜古迹和人文景观，是世界上拥有世界文化遗产最多的城市。

北京在历史上曾为六朝都城，在从燕国起的2000多年里，建造了许多宏伟壮丽的宫廷建筑，使北京成为我国拥有帝王宫殿、园林、庙坛和陵墓数量最多、内容最丰富的城市。其中北京故宫，原为明、清两代的皇宫，住过24个皇帝，建筑宏伟壮观，完美地体现了中国传统的古典风格和东方格调，是我国乃至全世界现存最大的宫殿，是中华民族宝贵的文化遗产。天坛以其布局合理、构筑精妙而扬名中外，是明、清两代皇帝"祭天"和"祈谷"的地方，是我国现存最大的古代祭祀性建筑群，也是世界建筑艺术的宝贵遗产。颐和园是北京著名的旅游景点，是我国保存最完整、最大的皇家园林，也是世界上著名的游览胜地之一。圆明园是我国最有名的皇家园林，园中山青水绿，在中外园林史上享有盛誉，具有很高的艺术价值，被誉为"万园之园"。明十三陵是北京最大的皇家陵寝墓群，内有明代13个皇帝的陵墓，尤其是现代发掘的明定陵，规模浩大，极为壮观。

2013 年北京全年接待入境旅游者 450.1 万人次，旅游外汇收入 47.9 亿美元；全年接待国内旅游者 2.5 亿人次，国内旅游收入 3666.3 亿元。旅游产业正在成为首都经济的支柱产业，北京正稳步迈向世界一流的国际旅游城市。如果当年采纳了梁思成先生的建议，妥善保存二环以里的老北京城，可以设想北京必将是世界上最有特点、最恢弘、最具中国传统文化的"艺术城市"。其产生的影响力及巨大的旅游经济收益，会是任何一个国家的城市都无法相比的。

敦煌

敦煌，位于河西走廊的最西端，地处甘肃、青海、新疆三省（区）的交汇处。敦煌是一座古老的历史文化名城，是飞天艺术的故乡、佛教艺术的殿堂，有"戈壁绿洲""西部明珠"之称，是古丝绸之路上的黄金旅游胜地，被誉为"世界的敦煌""人类的敦煌"。

敦煌是多种文化融汇与撞击的交叉点，中国、印度、希腊、伊斯兰文化在这里相遇。敦煌历经了封建社会鼎盛时期汉风唐雨的洗礼，文化灿烂，古迹遍布，有莫高窟、榆林窟、西千佛洞等主要历史文化景观。莫高窟又名敦煌石窟，素有"东方艺术明珠"之称，是中国现存规模最大的石窟，保留了十个朝代、历经千年的洞窟 492 个，壁画 45000 多平方米，彩塑 2000 多座。题材多取自佛教故事，也有反映当时的民俗、耕织、狩猎、婚丧、节日欢乐等的壁画。这些壁画彩塑技艺精湛无双，被公认为是"人类文明的曙光""世界佛教艺术的宝库"。

敦煌艺术是产生和积存在敦煌的多门类的艺术综合体，不仅仅指敦煌壁画和敦煌彩塑，还包括敦煌建筑、敦煌绢书、敦煌版书、敦煌书法、敦煌舞乐和敦煌染织、刺绣等工艺美术。

敦煌艺术，是佛教题材的艺术。以莫高窟为中心的敦煌石窟，上起十六国，下迄元、清，历时千余年，现存洞窟 570 多个，壁画 5 万多平米，帛近千幅，彩塑近 3 千身，手写文献近 5 万件及大批织染刺绣。作为我国的民族艺术瑰宝，它们都具有高度的历史价值和艺术价值，都是稀世之珍，不愧为我国的民族艺术珍宝和人类文化遗产的明珠。

敦煌又是文献的宝库。在敦煌莫高窟藏经洞，古代文献赫然堆满整个窟室。在这数以万计的赤轴黄卷中，蕴藏着丰富的文献资源。汉文、古藏文、回鹘文、于阗文、龟兹文、粟特文、梵文，文种繁多；内容涉及政治、经济、军事、哲学、宗教、文学、民族、民俗、语言、历史、科技等广泛领域。由此，产生了一门世界性的学科——敦煌学。

敦煌市共有各类文物点 241 处，其中国家重点文物保护单位 3 处（莫高窟、玉门关遗址、悬泉遗址），省级文物保护单位 9 处，市级文物保护单位 35 处；有 4A 级旅游景区 3 家，3A 级旅游景区 2 家，省级水利风景区 1 处；驰名中外的莫高窟被联合国教科文组织列为世界文化遗产，闻名遐迩的鸣沙山、月牙泉堪称世界奇观。敦煌市 2012 年共接待游客 312 万人次，实现旅游总收入 27.5 亿元，旅游产业总收入已占到全市国内生产总值的四分之一，旅游业已成为敦煌市国民经济的一大支柱产业。

第二章 "艺术城市"评估理念

第一节 山水城市

"山水城市"这个概念，最早可追溯到 1958 年 3 月 1 日，当时钱学森在《人民日报》上发表了《不到园林，怎知春色如许——谈园林学》一文。

钱老晚年时刻关注着中国城市的建设，他提出了建设山水城市的思想，他把中国未来的城市描绘为"有山有水、依山伴水、显山露水；要让城市有足够森林绿地、足够的江河湖面、足够的自然生态；要让城市富有良好的自然环境、生活环境、宜居环境。"

1984 年 11 月 21 日，钱学森先生写信给《新建筑》编辑部，提出构建"园林城市"的问题。1990 年 7 月 31 日钱学森在给吴良镛的信中，明确提出"能不能把中国的山水诗词、中国古典园林和中国的山水画融合在一起，创立'山水城市'的概念?"

图 2-1　山—水—城模式

吴良镛院士总结了"山——水——城"三者相互起作用的关系，提出了"山——水——城"三者和谐发展的模式：即"山得水而活""水得山而壮""城得水而灵"（图 2-1）。

1992 年 10 月，钱学森收到《奔向 21 世纪的中国城市——城市科学纵横谈》一书后，在给编者、建筑学家顾孟潮的回信中，再次表达了他对社会主义中国要建山水城市的迫切愿望。他说："现在我看到，北京兴起的一座座方形高楼，外表如积木块，进去到房间则外望一片灰黄，见不到绿色，连一点点蓝天也淡淡无光。难道这是中国21世纪的城市吗？"

吴良镛先生曾说："在历史上，中国人居环境规划建设并非就建筑论建筑，而是融建筑、城市规划、地景为一体，共同发展，这一具有东方特色的整体设计思想，可以说是中国建筑文化史上的光辉篇章，颇值得继承和发展。"

我国古代就十分重视"山水"对城市的滋养作用。以水为例，凡是称得上历史文化名城的，几乎都有构建水系，把水引进城市，像北京的颐和园、南京的玄武湖、福州的西湖和内河，就是这样的工程。清王氏卓的《西湖考》里说："全国以西湖名者，凡三十一。"清代《冷庐杂识》又说："天下西湖，三十有六，惟杭州最著。"足见全国城市人工西湖之多。钱学森关于山水城市的构想与古代建设山水城市的理念一脉相承，对我国城市规划建设理论与实践产生了极大影响。不少城市把建设山水园林城市和生态城市作为奋斗目标。这些年来，人们在反思城市建设失误之后，深感这一理论的前瞻性意义。

古往今来，诗人描写和歌颂环境优美，都离不开青山绿水。山水养育了人类，山水滋润了城市。倘若城市有着"一湾清水，两岸绿色，三季花香，四季常青"的美景，对于市民来说，是不可多得的文化享受。现代人对住房的追求，不再只是几面墙组合成的室内空间，还追求窗外的云淡风轻。倘若自然山水被破坏了，人与自然不和谐，不仅危害人的生存家园，而且危害人的精神家园。因为人与自然的相处，既是经济活动，又是心灵活动。山水被破坏了，"自然美"荡然无存，人类到哪里放逐身心？这些年来，人们在饱受生态环境恶化之苦后，更加渴望回归大自然，寻找心灵家园。山水城市，开门看山，推窗见水，寄心于山，存梦于水。人在尘嚣外，心在宁静中，那是多么富有诗意的生活！

中国古代在城市的选址与规划上对山水的重视也非常突出，大多城市的选址首先考虑城市跟山水的关系。《管子》里面有一句话："凡立国都，非于大山之下，必于广川之上。高毋近旱而水用足，下毋近水而沟防省。"这里讲的就是城市跟山水之间的关系。中国许多有名的城市都依山水而建，或将山水也包括在内。例如秦都咸阳，它将周围整体的自然山川形胜纳入整个城市的总体规划之中，是"覆盖三百余里"的超大规模的与自然山水结合的宫殿建筑群。古都北京、杭州等都是具有理想山水格局的大环境设计思想的典范。

山水城市有着丰富的内涵，首先是自然山水得到有效保护，其次是城市规划建设合乎生态理念，再次是自然山水与城市的有机结合。因此，山水城市不单是有山有水，其本质是将自然景观融入城市人造景观中，使之成为兼容不同功能的可持续发展的城市形态。显然，它不单是追求优美的自然环境和塑造城市形象，而是要实现人与自然的和谐相处。这就要求人造景观与自然景观结合、静态空间与动态空间结合。城市建筑物、构筑物，以及公园、绿地、道路等，都要顺应自然山水形态，结合为有机的整体空间景观，让城市镶嵌在山水之间，以构建"半边山水半边城"的美丽画卷。

"山水城市"就是在城市尺度下运用中国传统园林的营造思想和现代科学技术，将整个城市建成一个大型园林。在21世纪快速城市化的今天，中国城市建设实践中还存在简单粗暴、急功近利、一味追求经济效益等现象，使得城市历史肌理消失、城市自然环境遭到严重破坏，"千城一面"的现象不断重演。中国的城市建设要在全球化背景下保持自身的特色，需要重拾那些在当今世界仍有价值、有生命力的东方传统，积极寻求"人与天调、天人共荣"的人与自然和谐发展模式，而"山水城市"正是迎接中国城市可持续发展和快速城市化挑战的理想人居选择，是21世纪中国特色城市之道。

第二节　园林城市

一、园林城市的内涵

园林城市，是根据中华人民共和国住房和城乡建设部《国家园林城市标准》评选出的分布均衡、结构合理、功能完善、景观优美、人居生态环境清新舒适、安全宜人的城市。

园林城市是在中国特殊环境中提出的，它和我国传统的私家园林有着密切的联系。就像人们印象中古代的私家园林，小桥流水，鸟语花香，湖里鱼虾成群，园里争奇斗艳，既有湖光山色、烟波浩渺的气势，又有江南水乡小桥流水的诗韵，一草一木、一花一鸟都凝聚着传统的审美情趣。如今的"园林城市"，就脱胎于中国古典的园林设计，它的前身是钱学森先生提出的"山水城市"，有些类似于欧洲国家提出的"花园城市"。他们都强调城市景观的塑造，犹如绘画一样，用人为的审美情趣来建设城市的一砖一瓦、一草一木。"园林城市"凝聚着中国传统的审美情趣，而"花园城市"则印记着欧洲国度的风情。

园林城市是一个城市的重要名片，展示的是最具活力、生命力的城市社会形态和环境。随着人民物质生活和文化水平的提高，广大市民对建设绿色宜居城市的愿望越来越强烈，也更加关注城市的形象。创建园林城市，就是要加大城市绿化力度，塑造独具特色的绿色宜居城市形象，让人民群众拥有树荫环抱、绿茵遍地、繁花似锦、四季葱翠的绿色空间，享受环境建设带来的精神愉悦。

既然是"园林城市"，那么"生态"二字便顺理成章地成为城市建设的关键词。党的十八大报告指出，把生态文明建设放在突出地位，融入经济建设、政治建设、文化建设、社会建设各方面和全过程，努力建设美丽中国，实现中华民族永续发展。园林城市的创建，不同于普通的生态建设。园林城市不仅是一个城市生态建设成就的展示，更是对一个地区布局、结构等因素的综合考量。因此，如何把生态资源优势转变为经济发展优势，这是每一个园林城市需要首要考虑的问题。

二、中国四大园林城市

1. 长春

长春宛若一颗镶嵌在中国东北平原腹地的明珠，在不足二百年近代城市历史的发展变化中，以其年轻而美丽跻身于国内特大城市之列。长春的绿化居于亚洲大城市之冠，夏季绿树成荫，气候凉爽，是理想的避暑胜地；冬季银装素裹，玉树琼枝，一派北国风光。

2. 南京

南京是中国著名的四大古都及历史文化名城之一。千百年来，奔腾不息的长江不仅孕育了长江文明，也催生了南京这座江南城市。南京襟江带河，依山傍水，钟山龙蟠，石头虎踞，山川秀美，古迹众多。早在20世纪30年代，著名文学家朱自清先生游历南京后，写下的《南京》一文中就有这样一段评价："逛南京像逛古董铺子，到处都有些时代侵蚀的痕迹。你可以揣摩，你可以凭吊，可以悠然遐想……"

3. 杭州

杭州市，1994年获"国家园林城市"称号。突出"三面云山一面城、一城山色半城湖"的城市格局，确定了"一主三副、双轴、六组团、六条生态带"和"东动西静南新北秀中兴"的绿地系统。在传承中创新，使得西湖景区秀色可餐，名胜古迹焕发青春，江南写意山水园林特色尽显。

"上有天堂，下有苏杭"。天堂，是人们对杭州这座美丽城市的由衷赞美。杭州以其美丽的西湖山水著称于世，西湖拥有三面云山，一水抱城，"浓妆淡抹总相宜"的自然风光情系天下众生。电影艺术家王晓棠说："踏入这个城市，我会感到真诚、友善、美丽，人们不分老中青幼，彼此体贴互助，他们关爱这个城市的一草一木，关注它的环保胜过自己的家……"

4. 昆明

昆明具有1240多年的建城史，传统文化和现代文明交相辉映，高原风光之美、民族风情之美和边陲风貌之美独具魅力。不少外地游客感慨说："走在昆明街头，看着昆明人悠闲地在大街小巷漫步，就知道这是个惬意的城市。"昆明，有理由成为更幸福的城市；昆明百姓，有理由成为更幸福的人。

第三节 建筑艺术之都

建筑是凝固的音乐，是城市的画卷，是历史的诗篇。

建筑是时代的镜子，是城市的名片，是一种有着属于城市文明与神韵的时空存在。它以独特的艺术语言、多姿的建筑风格，见证并熔铸出一个时代、一个地域的审美追求。俄罗斯大文豪果戈里有句名言："建筑是世界的年鉴，当歌曲和传说已经缄默，它依旧还在诉说。"

建筑是一个城市向外彰显自身特色的明显标志，它代表了一个城市的文化与内涵。城市的发展不光靠经济，在文化上的提升也必不可缺，好的文化氛围会为一个城市增添亮色。而建筑则是最外在最直接的表现，通过建筑，可以展现一个地域的风土人情，人民的文化修养，经济的发展状况等。所以说，建筑对于一个城市来说扮演着非常重要的角色，而建筑的特色就是如何将其自身完美表现的方式方法。

一个城市的建筑在很大程度上是一个信息的载体，特别是传统文化信息载体的沉淀，一个城市的城市建筑构成这个城市的基本特色。因此，城市建筑的发展对塑造城市特色具有重要意义。而现代化的城市建筑必须要注意将城市建筑的各个因素有机结合起来，包括其历史文化、地域特点、风俗习惯等，自觉地把建筑融合到城市大环境中去设计，并努力创造一个人工环境与自然景观完美结合的境地，达到人、建筑、环境三者合一的最高境界。

为了向建筑师们表达敬意，AskMen.com 网站选出了全球十大建筑之都。这些城市要么保留有大量古建筑，散发着强烈的古典气息，要么矗立着无数现代、后现代风格的大厦，还有一些则体现了古典与现代的完美融合。

一、西班牙·巴塞罗那

你是不是很喜欢用相机记录旅途中的风景？那么当你来到巴塞罗那时，请记得多带一张记忆卡。巴塞罗那凝聚了众多全球最伟大的建筑师的心血，因此这座城市也拥有了世界上独一无二的城市面貌。安东尼·高迪的米拉公寓、奎尔公园和圣家族大教堂，是不得不看的建筑（图2-2）。此外，你还要去巴塞罗那通讯塔看看当代建筑师圣地亚哥·卡拉特拉瓦的作品，然后再到奥运港去看看弗兰克·盖里设计的冲孔金属鱼雕塑。最后，你可以在 Las Ramblas 大道漫步，这是城中最著名的一条街道，也是一条繁华的商业街，就坐落在城中哥特式建筑林立的区域。所以，你不仅可以散步、购物，还可以欣赏街道两旁的古建筑。在巴塞罗那，古典与现代建筑完美融合，因此，这座城市也就当之无愧地成为世界第一大建筑之城。

图 2-2　巴塞罗纳圣家族大教堂

二、法国·巴黎

漫步在巴黎的街道中，你会觉得仿佛置身于一个巨大的艺术博物馆。这里有各种古典风格的建筑，从中世纪到文艺复兴风格，从新古典主义到新艺术运动风格，但这些并不是巴黎的全部，因为巴黎的现代建筑也同样让人惊叹，而且正是它们的存在不断提醒着人们，巴黎并不仅仅是一个记录着历史的博物馆。

埃菲尔铁塔是一座于 1889 年建成的位于法国巴黎战神广场上的镂空结构铁塔，距今已有 100 多年的历史。该塔为世博会而建，高 300 米，天线高 24 米，总高 324 米。铁塔设计新颖独特，是世界建筑史上的技术杰作，每年吸引约 620 万游客。铁塔和巴黎圣母院、卢浮宫、凯旋门、香榭丽舍大街一样，是巴黎的地标性建筑。如果说巴黎圣母院是古代巴黎的象征，那么埃菲尔铁塔就是现代巴黎的标志（图 2-3）。

图 2-3　巴黎埃菲尔铁塔

三、美国·芝加哥

芝加哥不仅盛产超级美味的热狗和热情永不消退的球迷，更是公认的美国现代建筑的摇篮。1871 年，一场大火把城中 2000 多英亩的建筑都化为灰烬。因此，大火之后，芝加哥便有了大片空地需要建设，于是建筑师们纷纷来到这里，创造出许多全球最值得纪念的建筑。现在，芝加哥城内摩天大厦鳞次栉比，事实上，"摩天大厦"这个词就是在这里诞生的。

城中的地标性建筑包括：美国第一高建筑西尔斯塔；三角形的箭牌大厦，著名的箭牌口香糖公司总部就设在这里；马里纳城塔（The Marina City Towers），也就是俗称的"玉米大楼"，以其外观得名（图 2-4）。两座形似玉米棒的住宅大厦相邻，圆柱体的钢筋结构将天然的元素和严峻现代化的面貌融合成一体。马里纳城塔于 1964 年由芝加哥本地建筑师 Bertrand Goldberg 建造，是当时最高的住宅大楼，也是当时世界最高的钢筋混凝土结构建筑。今天，这两栋大厦除了作为出售私宅和可租公寓之外，也是著名的"House of Blues"音乐场地、Sax 酒店、Smith & Wollensky 餐厅的所在地。"玉米大楼"是好莱坞电影拍摄钟爱的取景点，在电影《黑暗骑士》（The Dark Knight）、浪漫爱情剧《分手男女》（The Breakup）、《春天不是读书天》（Ferris Bueller's Day Off），和《福禄双霸天》（The Blues Brothers）等电影中，都看得到"玉米大楼"的身影。同时，马里纳城塔也是芝加哥乐队 Wilco 的 Yankee Hotel 专辑封面。除了以上这些，"明星建筑师"弗兰克·劳埃德·赖特的住所和工作室也设在芝加哥，当然，赖特设计建造的很多作品也坐落在这座城市。另外，芝加哥城有一座巨大的千禧公园，而公园中的中心建筑就是由著名建筑师弗兰克·盖里设计建造的。

图 2-4 芝加哥马里纳城塔

四、德国·柏林

自从 1989 年柏林墙倒塌以后，柏林这个城市就开始花大力气改造城中建筑，其中几个著名的项目包括：德国国会大厦，这座建筑在二战时曾是纳粹议会所在地，现在，经过改造，大厦有了一个新的玻璃穹顶；波茨坦广场区，这一区域一度被人们遗忘，经过重新设计后又焕发了新的生机，尤其是坐落在广场上的索尼中心，吸引众多游客驻足；还有戴姆勒·克莱斯勒区，这一区域仅用了五年时间就完成了所有建设。另外，其他值得一看的建筑还包括：新建的、现代化的英国大使馆和由丹尼尔·里伯斯金设计的犹太人博物馆。柏林市内同时也有很多古典建筑，比如，新古典主义的旧博物馆（Altes Museum）（图 2-5）、博德博物馆和曾经作为市政厅使用的"红色市政厅"。

图 2-5　柏林旧博物馆

五、中国·上海

中国正快马加鞭地走在工业化的道路上，而上海就是其中的重要工程之一。也正是这样的飞速发展造就了浦东新区的奇迹，现在它已逐渐成为公认的市中心地带，上海最高的建筑——金茂大厦便坐落于此（图2-6）。除此之外，上海还拥有著名的东方明珠电视塔，这是一个集购物、餐饮住宿和观景为一体的旅游胜地，每天都吸引众多游客前来观光。

图2-6　上海金茂大厦

六、意大利·罗马

跟雅典一样，罗马也因为是古典文明发源地而具有了独特的建筑特色，城中的最古老建筑早已闻名于世：古罗马斗兽场（图2-7）、万神庙、古罗马广场和维纳斯罗马神庙。而一些年头短那么一点的建筑也不甘落后，也吸引了众多游客，比如位于梵蒂冈城的圣彼得广场、西斯廷礼拜堂和维克多伊曼纽二世纪念碑。

图2-7 古罗马斗兽场

七、意大利·佛罗伦萨

佛罗伦萨这座建筑之城是意大利文艺复兴的发源地，因此城中的建筑大部分都体现了文艺复兴风格。比较著名的建筑包括：市政厅维奇欧宫；陈列有米开朗基罗名作《大卫》的艺术博物馆；Uffizi画廊，里面陈列着很多文艺复兴时期的作品。除此之外，这里还有很多著名的教堂，比如欧洲第四大教堂圣百花大教堂（图2-8）和圣十字教堂。不过佛罗伦萨最独特的景点还是城中的旧桥，这是一座中世纪的桥梁，桥的两侧都盖满了店铺。

图2-8　佛罗伦萨圣百花大教堂

八、希腊·雅典

人们常说，西方现代文明发源于古希腊文明，而古希腊文明就发源于位于雅典的雅典卫城，也正是因为雅典卫城的存在，雅典这个城市才充分展现出它的建筑特色。在这里，你可以看到一根根希腊罗马式的柱子支撑着著名的帕特农神庙（图2-9），柱子顶端还雕刻有复杂的装饰。你可以把所有时间都花在这座古老的卫城里，不过如果你觉得还不过瘾，那就去看看雅典学院，一座融合了现代风格的古典希腊罗马式建筑；还可以参观一下前几年刚刚翻修过的雅典奥林匹克体育场。雅典的魅力就在于她的古建筑，也正因如此，雅典成为了十大建筑之城之一。

图 2-9 雅典帕特农神庙

九、阿联酋·迪拜

有没有觉得建筑起重机总是不够用？那就来迪拜看看吧，你就能找到答案了。据估计，全球 1/4 以上的建筑起重机都在这个建筑之城里没日没夜地工作着。迪拜不仅拥有林立的摩天大厦，还拥有据称为全世界唯一的一家七星级酒店——帆船酒店。它是全世界最高的酒店，从远处望去，酒店大楼就像是张开的船帆（图 2-10）。

图 2-10　迪拜帆船酒店

　　不过，放在迪拜市内的摩天建筑群中，帆船酒店也就并不怎么抢眼了，因为这里还有海德帕利斯酒店——世界上第一家水下酒店；迪拜布尔吉塔——世界上最高的建筑；迪拜乐园——一个具有迪斯尼乐园风格的游乐园，有望打破迪斯尼乐园在这一领域中的垄断地位。如果你想看看未来的乐园是什么样子，那么就到这里来吧。

十、巴西·巴西利亚

在不到四年的时间里，这个城市就从纸面上的一个设想变成了巴西活生生的、美得令人窒息的首都。建造这个城市的设想最初是由著名城市规划师卢西奥·科斯塔在1957年提出的，而城市中建筑则均由建筑师奥斯卡·尼迈耶设计。按照规划，整个城市呈现出十字架的形状，但是如果从空中俯瞰就会发现，这个城市其实更像是一只展翅的蝴蝶或一架飞翔的飞机。尽管这一设计曾遭到不少批评，但赢得了联合国教科文组织的青睐，被定为世界遗产之一。这座建筑之城中有很多值得一看的建筑，其中包括：阿尔瓦拉多宫，巴西总统的官邸就设在这里，还有共和国文化大厦、圣母大教堂、三权广场（图2-11）等。

图2-11 巴西利亚三权广场

第四节　世界遗产城市

"世界遗产城市"是指城市类型的世界遗产，其性质类似于中国的"国家历史文化名城"，可以说是世界级的历史文化名城。

根据联合国教科文组织的规定，只要一个城市的文化遗产覆盖面积达到了该城的10％，这座城市就可称为世界遗产城市，当然有些城市全城本身就是世界遗产，比如中国的平遥和丽江。

世界遗产城市联盟（或译世界遗产城市组织，法文：Organisation des Villes du Patrimoine Mondial，简称 OVPM；英文：Organization of World Heritage Cities，简称 OWHC；西班牙文：Organización de las Ciudades del Patrimonio Mundial，简称 OCPM），是联合国教科文组织的一个下属组织机构，是一个非盈利性、非政府的国际组织，于1993年9月8日在摩洛哥的非斯成立，总部设在加拿大的魁北克市。该组织的宗旨是负责沟通和执行世界遗产委员会会议的各项公约和决议，借鉴各遗产城市在文化遗产保护和管理方面的先进经验，进一步促进各遗产城市的保护工作。

至今，该组织已经有242座被列入联合国教科文组织世界遗产名录的城市，其中，7座在撒哈拉以南的非洲，36座在拉丁美洲和加勒比地区，30座在亚洲（除阿拉伯国家和土耳其）及太平洋地区，124座在欧洲（包括土耳其）和北美（只有加拿大），21座在阿拉伯国家，其中还有7座城市为其观察员。

但有些世界遗产城市并没有加入世界遗产城市联盟，以我国为例，我国的苏州、承德、平遥、丽江、澳门这5座城市加入了世界遗产城市联盟。

中国苏州（观察员）：拥有世界文化遗产——苏州古典园林（共9座，包括拙政园、留园、网师园、环秀山庄、沧浪亭、狮子林、耦园、艺圃和退思园），人类口述和非物质遗产代表作——昆曲、古琴艺术（虞山派）、宋锦、缂丝、苏州端午习俗、苏州香山帮传统建筑营造技艺。

中国承德：拥有世界文化遗产——承德避暑山庄和外八庙。

中国丽江：拥有世界文化遗产——丽江古城。

中国澳门：拥有世界文化遗产——澳门历史城区。

中国平遥：拥有世界文化遗产——平遥古城。

布拉格——首座世界文化遗产城市

布拉格是全球第一个整座城市被指定为世界文化遗产的城市（图2-12）。在这座"建筑艺术的博物馆"中，人们可见到自11世纪到21世纪的几乎所有建筑形式。在面积只有900公顷的城市核心区，国家级历史保护文物达2000处。

近千年来，无论入侵与战争如何频繁发生，自然灾害如何凶猛异常，布拉格从来没有中断过对历史古迹的修建和维护。

在布拉格，自家房子怎么装修不能自家说了算。如果这栋房子是文物，没有文物保护部门的许可，房子的屋顶、外墙、装饰、甚至墙体颜色都不能有任何变动。此外，老城区的房子只许室内装修，不准动外部结构。多年来，布拉格市民严格遵守规定，而政府也会出钱替这些业主维修和保养房屋。

为避免"保护性破坏"，政府"以旧修旧"的原则体现在每个细节。以布拉格国家歌剧院为例，这座于19世纪下半叶建成的古建筑尽管历经风雨洗礼和数次重大修缮，却始终保持原貌。

布拉格对古迹的保护，甚至细致到了门牌号。当地不但保留了古代用以标示主人家从事何职业或有何喜好的象形图案式门牌，而且也有现代城市街区门牌号，市政府亦在2000多幢历史建筑的街区门牌号旁，另设文化遗产登记牌号。

近来的中欧"世纪洪水"中，人员疏散之际，布拉格的文物古迹保护工作就已同步就绪。政府第一时间对位于老城区的众多古迹竖起特质金属防洪板，同时加固中世纪的查理大桥。

其实，保护看得见的古迹，亦是在保护看不见的民族文化。在这一过程中，城市文脉得以延续，城市灵魂得以留存。经得起历史检验的文物观应是：开发建设是发展城市，保护历史建筑同样也是发展城市。

图 2-12　布拉格——首座世界文化遗产城市

第五节　公共艺术博物馆

公共艺术通常是指以各种题材创作，且置放或附加于公共空间的艺术作品。例如，人行道上的铜像，或是公园里的纪念碑。公共艺术包括公共空间里的各种艺术表现，例如建筑物，或是可以使用的物品与设施，如桌椅和路灯。简而言之，公共艺术指的是由艺术家为某个既定的特殊公共空间所创作的作品或者设计。台北松智路上 101 金融大楼前的公共艺术作品《LOVE》，由美国艺术家所设计，这里是情侣们拍照的绝佳地点。设计概念用举世共通的语言"爱"，拆除东西文化、种族、本土与国际的藩篱，仿佛发声祈祝举世和平、共荣（图 2-13）。

图 2-13　台北街头的公共艺术作品

公共艺术是城市的思想，是一种当代文化的形态。公共艺术是一个城市成熟发展的标志。它增加了城市的精神财富，在积极的意义上表达了当地身份特征与文化价值观；它毋庸置疑地体现着市民们对自己城市的认同感与自豪感，因此成为艺术与文化教育中必不可少的环节。可以说，拥有良好公共艺术的城市，才是一座能够思考和感觉的城市。

当然，公共艺术的存在意义远不止于此，它能够通过改变所在地点的景观，突出某些特质而唤起人们对相关问题的思考与认识，表达社区或城市的历史与价值。从这个意义上来说，公共艺术具有一种强大的力量，它改变了城市的面貌，能够长时间地影响公众的精神状态与对周遭世界的认知；它也会成为城市身份的标志，在塑造城市的独特性方面发挥着极其重要的作用。

雕塑是典型的公共艺术。中国近现代的雕塑，大都是以单体出现，部分好的作品能升华为"城标"，但大部分作品影响力不大，没有真正产生艺术的"震撼"效果。从雕塑这一公共艺术角度出发，"艺术城市"应是以某种哲学思想和道德观、审美观，运用各种综合艺术所形成的雕塑群，而不仅仅是一个个单体雕像。

今天优秀的城市公共艺术，就是明天优秀的文化遗产。试想，当整个城市充满凝聚着丰富民族民间文化的雕塑群，那么该城市无论是建筑风格，还是地域特点，以至于整个城市的格调、色彩，必将交融、辉映形成一种独有的艺术氛围，这种独有的艺术氛围令该城市独具风貌。这种独具风貌鲜明乃至唯一，从而成为这个城市的符号，并自然而然地成为"城市名片"，城市由此成为"公共艺术的博物馆"，其所产生的文化效益、社会效益和经济效益都将是巨大的，同时是可延续长远的。

城市雕塑、公共艺术建设与其所在的城市环境有着密切的联系，它们之间的和谐程度足以判别城市雕塑、公共艺术建设创意的好坏。符合"艺术城市"理念的城市雕塑与公共艺术建设的评价标准为"影响力、标记性、艺术性、公共性"。

（1）影响力。影响力是个综合概念，主要表现为由艺术作品的思想性、时代性、公共性、艺术性等所共同形成的精神穿透力。当我们谈论一件城市雕塑或一件公共艺术作品的社会价值、历史价值、艺术价值时，它的影响力占据主要地位。

（2）标记性。标记性与影响力相辅相成，但又有所区别。真正具有标记性的作品往往与历史有关，与地域人情有关，与形象符号有关。城市雕塑、公共艺术作品越能反映历史、地域的特点，越符合人们的审美情感，其标记性越强。当人们走进一座城市，所看到的城市雕塑、公共艺术作品应该承载着这座城市的精神、文化，应该成为该城市的精神符号与文化象征，应该成为该城市的坐标。

（3）艺术性。艺术性指艺术品本身的价值所在。艺术性是城市雕塑、公共艺术作品生命力的灵魂。具体讲，城市雕塑、公共艺术作品的艺术性就是其在形式上、题材上的突破和创新。它熔铸了时代精神、集体意识和个人性情，是特定时期种族群体智慧在个人身上的反映。同时，不能忽视因科技发展在材料上出现的创新，即艺术与科学的结合。材料的革命昭示着思想的革命，并推动着艺术的革新。

（4）公共性。这可以从两方面谈，一方面，城市雕塑、公共艺术是人民的艺术，因此具有公共性，这一点已经包含在前面三个标准当中。另一方面，公共性表现为，优秀的城市雕塑、公共艺术作品凝聚和彰显着一个城市的历史、文化、地域特色，对城市的发展与繁荣产生着深远的影响。

第六节　国际旅游城市

一、国际旅游城市的定义

目前，国际学术界没有关于"国际旅游城市"的一致定义，国内学者的相关研究始于20世纪90年代末，基本都是从国际城市引出概念，但大多未作明确界定。

尽管尚未达成一致看法，但国内学者在"国际旅游业发达，国际知名度高，对外开放度大"三个方面已基本达成共识；对国际旅游城市的理解也由早期的偏重综合性国际旅游城市的"大而全"的定义，向注重其关键特征和独特内涵（如国际知名度、国际旅游功能等）转变，从而使原本泛化的概念和内涵变得日益明确和突出。由此看来，从城市旅游功能和产业发展的角度来综合界定国际旅游城市最为科学。旅游功能在城市功能中占有重要地位、旅游产业能够达到一定国际化水平的城市才属于国际旅游城市。

国际旅游城市是指经济社会发达，旅游资源丰富，资源品位高，具有超国界吸引力，城市综合环境优美，旅游设施完善配套，旅游产业发达并成为城市主要支柱产业,国际国内游客数量众多,在国际上具有较高知名度的国际性城市。国际旅游城市是在城市参与世界经济发展分工合作中形成的、是根据城市发展条件和比较优势的大小,选择了旅游产业作为其主要的外在功能,并依托完善的城市功能体系产生强大的国际客源聚集能力,最终形成的城市形态。

二、国际旅游城市的分类

根据主体吸引物的不同,国际旅游城市可以分为五类:

(1)自然风光型。自然风光型城市主体吸引物为山水风光等自然资源,资源品位高级,或以罕见景观著称于世,或以景观完美组合闻名全球,如坎昆、帕塔亚、火奴鲁鲁。

(2)花园型。花园型城市规划布局合理,城市建设园林化,城市建筑艺术化,给人以城园合一的感觉,如新加坡、堪培拉、华盛顿。

(3)娱乐型。娱乐型城市的主体吸引物为主题性游乐项目,以人造景观或惊险刺激性娱乐活动吸引大量游客,如拥有全球第一家迪斯尼乐园和好莱坞影城的洛杉矶、盛行博彩业的澳门和蒙特卡罗。

(4)商贸型。商贸型城市主体吸引物为经济贸易等萌生性旅游资源,一般是世界著名的金融、商贸交易场所,如中国香港、莱比锡。

(5)文化型。文化型城市主体吸引物为悠久历史积淀的人文旅游资源,一般以拥有世界垄断级文物古迹而著称于世,形成独特丰富的文化氛围,如巴黎、罗马、开罗等。

根据城市主要功能的差异,国际旅游城市又可分为以下四类:

(1)国际风景旅游城市:以鲜明的风景为标识,凭借城市得天独厚的自然风光、融自然环境于一体的人文景观,创造出优美的风光名胜和城市旅游环境,成为国际观光、度假、康复、疗养的胜地,如坎昆、帕塔亚、火奴鲁鲁。

(2)国际商务旅游城市:以鲜明的商贸为标识,凭借城市得天独厚的经济贸易中心、金融枢纽地位和完善的商务服务体系,加上优美的城市环境和风光资源吸引游客,如苏黎世,新加坡等。

(3)国际会议旅游城市:以鲜明的会展为标识,凭借良好的国际交流和会展服务环境,成为各类国际会议和展览活动的集聚地,如日内瓦(图2-

14）、布鲁塞尔等。

（4）国际宗教旅游城市：是以独有的宗教地位，主要提供宗教朝拜、宗教观光等产品为主的国际旅游城市，如麦加。

无论是何种类型的国际旅游城市，城市特征都以"现代化"、"国际化"、"主题化"为基础。

图2-14　日内瓦——国际会议旅游城市

三、国际旅游城市的基本条件与基本特征

作为国际旅游城市一般具有三个基本条件：

（1）城市实现现代化并与国际接轨，逐步实现国际化；

（2）城市旅游主题形象鲜明突出，拥有足够规模并具有国际水准与吸引力的旅游景点和项目设施，在世界和洲际内享有较高知名度；

（3）国际旅游业发达，年接待国际旅游者达到相当规模。

国际旅游城市具有以下七个基本特征：

（1）城市旅游形象鲜明，旅游资源品位高，达到世界级标准。或以世界罕见的景观著称于世，或以景致的完美组合征服世界，城市的旅游形象在国际上享有较高知名度，具有国际性吸引力。

（2）城市产业结构高度优化，第三产业居城市国民经济主导地位，商业服务业发达，尤其表现在旅游业成为国民经济的支柱产业。

（3）城市环境优雅，基础设施现代化，拥有通达世界各地的现代化信息传递网络和连接世界各主要地区的国际化交通网络体系。

（4）旅游服务设施完善，围绕食、宿、行、游、购、娱六大要素的功能布局合理，能满足不同国家旅游者不同爱好、习俗和消费层次的需求。

（5）城市商业、服务业、旅游服务业从业人员训练有素，服务质量一流。

（6）国际国内游客众多，接待规模在同类国际性城市中位居前茅，其中国际游客数量和国际游客中的散客数量均占较高比例。

（7）良好的社会环境为国际旅游者提供了保证。城市具有良好的国际语言通行环境和标识系统，简便的出入境手续，文明的居民素质，良好的政府形象，较高的城市管理水平，对外来旅游者友好的态度。

加快城市的现代化、国际化和主题化进程是 21 世纪我国重点旅游城市面临的发展任务，为此，自 20 世纪 90 年代以来，杭州、苏州、桂林、西安等大批城市先后提出了建设国际旅游城市的目标和口号。据不完全统计，近年来我国已有北京、上海等近 50 多个不同量级和类型的城市相继以不同的名称和方式提出建设国际旅游城市、世界旅游城市、国际旅游目的地等战略构想。

第七节 生态城市

一、生态城市的定义

生态城市（Ecological City）是社会、经济、自然协调发展，物质、能量、信息高效利用，技术、文化与景观充分融合，人与自然的潜力得到充分发挥，居民身心健康，生态持续和谐的集约型人类聚居地。

生态城市从广义上讲，是建立在人类对人与自然关系更深刻认识基础上的新的文化观，是按照生态学原则建立起来的社会、经济、自然协调发展的新型社会关系，是有效的利用环境资源实现可持续发展的新的生产和生活方式。狭义地讲，就是按照生态学原理进行城市设计，建立高效、和谐、健康、可持续发展的人类聚居环境。

前苏联生态学家杨尼斯基（O. Yanitsky）于1984年首次正式提出生态城市概念，认为生态城市是一种理想城市模式，其中技术和自然充分融合，人的创造力和生产力得到最大限度的发挥，而居民的身心健康和环境质量得到最大限度的保护，物质、能量、信息高效利用，形成生态良性循环。

从生态学的观点，城市是以人为主体的生态系统，是一个由社会、经济和自然三个子系统构成的复合生态系统。一个符合生态规律的生态城市应该是结构合理、功能高效、关系协调的城市生态系统。这里所谓结构合理是指适度的人口密度，合理的土地利用，良好的环境质量，充足的绿地系统，完善的基础设施，有效的自然保护；功能高效是指资源的优化配置、物力的经济投入、人力的充分发挥、物流的畅通有序、信息流的快速便捷；关系协调是指人和自然协调、社会关系协调、城乡协调、资源利用和资源更新协调、环境胁迫和环境承载力协调。概言之生态城市应该是环境清洁优美，生活健康舒适，人尽其才，物尽其用，地尽其利，人和自然协调发展，生态良性循环的城市。

"生态城市"作为对传统的以工业文明为核心的城市化运动的反思、扬弃，体现了工业化、城市化与现代文明的交融与协调，是人类自觉克服"城市病"、从灰色文明走向绿色文明的伟大创新。它在本质上适应了城市可持续发展的内在要求，标志着城市由传统的唯经济增长模式向经济、社会、生态有机融合的复合发展模式的转变。它体现了城市发展理念中传统的人本主义向理性的人本主义的转变，反映出城市发展在认识与处理人与自然、人与人关系上取得的新突破，使城市发展不仅仅追求物质形态的发展，更追求文化上、精神上的进步，即更加注重人与人、人与社会、人与自然之间的紧密联系。

"生态城市"与普通意义上的现代城市相比，有着本质的不同。生态城市中的"生态"，已不再是单纯生物学的含义，而是综合的、整体的概念，蕴涵社会、经济、自然的复合内容，已经远远超出了过去所讲的纯自然生态，而已成为自然、经济、文化、政治的载体。

生态城市中"生态"两个字实际上就包含了生态产业、生态环境和生态文化三个方面的内容。生态城市建设不再仅仅是单纯的环境保护和生态建设，生态城市建设内容涵盖了环境污染防治、生态保护与建设、生态产业的发展（包括生态工业、生态农业、生态旅游），人居环境建设、生态文化等方面，涉及各部门各行业；这正是可持续发展战略的要求。

因此在本质上，生态城市建设是在区域水平上实施可持续发展战略的一个平台和切入点。生态城市建设是全面提升城市生态环境保护工作的重要载体，是全民参与的生态环境保护运动，通过生态城市建设才能最大限度地推动城市的可持续发展，改善城市的生态环境质量，为实现全面小康的目标打下坚实的基础。

二、生态城市的特点

1. 和谐性

生态城市的和谐性，不仅仅反映在人与自然的关系上，人与自然共生共荣，人回归自然，贴近自然，自然融于城市，更重要的是反映在人与人的关系上。人类活动促进了经济增长，却没能实现人类自身的同步发展。生态城市是营造满足人类自身进化需求的环境，充满人情味，文化气息浓郁，拥有强有力的互帮互助的群体，富有生机与活力。生态城市不是一个用自然绿色点缀而僵死的人居环境，而是关心人、陶冶人的"爱的器官"。文化是生态城市重要的功能，文化个性和文化魅力是生态城市的灵魂。这种和谐乃是生态城市的核心内容。

2. 高效性

生态城市一改现代工业城市"高能耗""非循环"的运行机制，提高一切资源的利用率，物尽其用，地尽其利，人尽其才，各施其能，各得其所，优化配置，物质、能量得到多层次分级利用，物流畅通有序，废弃物循环再生，各行业各部门之间通过共生关系进行协调。

3. 持续性

生态城市是以可持续发展思想为指导，兼顾不同时期、空间，合理配置资源，公平地满足现代人及后代人在发展和环境方面的需要，不因眼前的利益而以"掠夺"的方式促进城市暂时"繁荣"，保证城市社会经济健康、持续、协调发展。

4. 整体性

生态城市不是单单追求环境优美，或自身繁荣，而是兼顾社会、经济和环境三者的效益，不仅重视经济发展与生态环境协调，更重视对人类生活质量的提高，是在整体协调的新秩序下寻求发展。

5. 区域性

生态城市作为城乡的统一体，其本身即为一个区域概念，是建立在区域平衡基础上的，而且城市之间是互相联系、相互制约的，只有平衡协调的区域，才有平衡协调的生态城市。生态城市是以人与自然和谐为价值取向的，就广义而言，要实现这一目标，全球必须加强合作，共享技术与资源，形成互惠的网络系统，建立全球生态平衡。广义的要领就是全球概念。

6. 结构合理

一个符合生态规律的生态城市应该是结构合理的。合理的土地利用，好的生态环境，充足的绿地系统，完整的基础设施，有效的自然保护。

7. 关系协调

关系协调是指人和自然协调，城乡协调，资源利用和资源更新协调，环境协调和环境承载能力协调。

三、生态城市的创建标准

生态城市的创建标准，要从社会生态、自然生态、经济生态三个方面来确定。社会生态的原则是以人为本，满足人的各种物质和精神方面的需求，创造自由、平等、公正、稳定的社会环境；经济生态原则保护和合理利用一切自然资源和能源，提高资源的再生和利用，实现资源的高效利用，采用可持续生产、消费、交通、居住区发展模式；自然生态原则，给自然生态以优先考虑，最大限度地予以保护，使开发建设活动一方面保持在自然环境所允许的承载能力内，另一方面减少对自然环境的消极影响，增强其健康性。

生态城市应满足以下八项标准：

（1）广泛应用生态学原理规划建设城市，城市结构合理、功能协调；

（2）保护并高效利用一切自然资源与能源，产业结构合理，实现清洁生产；

（3）采用可持续的消费发展模式，物质、能量循环利用率高；

（4）有完善的社会设施和基础设施，生活质量高；

（5）人工环境与自然环境有机结合，环境质量高；

（6）保护和继承文化遗产，尊重居民的各种文化和生活特性；

（7）居民的身心健康，有自觉的生态意识和环境道德观念；

（8）建立完善的、动态的生态调控管理与决策系统。

2013年6月20日，中国社会科学院发布的《生态城市绿皮书——中国生态城市建设发展报告（2013）》（以下简称《报告（2013）》）认为：生态城市建设是城镇化发展的必由之路，对于推动我国生态文明建设具有重大意义。只有把生态文明建设放在突出地位，融入经济、政治、文化、社会建设各方面和全过程，才能保持经济持续健康发展，才能保障民生健康，才能全面建成小康社会，才能实现绿色发展。《报告（2013）》以绿色发展，循环经济，低碳生活，民生宜居为理念，以提供决策咨询、指导工程实践、引领绿色发展为宗旨，将生态城市建设作为最根本的民生工程、民心工程、德政工程。生态城市建设的核心是处理好人与环境的关系，关键是转变人们的价值观念，着眼点是转变生产方式，改变生活方式，建设宜居、宜业、宜发展的绿色城市。

《报告（2013）》评出 2011 年生态城市建设前 10 位的城市：深圳、广州、上海、北京市、南京市、珠海市、厦门市、杭州市、东莞市、沈阳市。

第八节 森林城市

城市森林可以直接吸收城市中释放的二氧化碳，同时城市森林通过减缓热岛效应，调节城市气候，能够减少我们使用空调的次数，可以间接减少碳的排放，人们仿佛就生活在"天然氧吧"里，最终目的是为了降低二氧化碳的排放量，还我们城市一个清洁、健康的"肺"，让我们生活在一个可持续生存和发展的生活空间。

城市森林的内涵丰富。从国内外对城市森林概念的界定来看，它已不仅仅指一般意义上的树林。狭义上讲，城市地域内以林木为主的各种片林、林带、散生树木等绿地构成了城市森林的主体；而广义上看，城市森林作为一种生态系统，是以各种林地为主体，同时也包括城市水域、果园、草地、苗圃等多种成分，与城市景观建设、公园管理、城市规划息息相关。因此，城市森林的建设既要重视传统意义上的具有一定面积的树木群体的森林含义，又不能忽视单株树木的作用。

建设城市森林的效益：

①**生态效益**。通过城市森林建设，城市森林生态系统将得到优化，进而减轻城市发展中所面临的压力和带来的负面影响。通过大范围的植绿、增绿，可加快实现"有路皆绿、有水皆绿、有城皆绿、有村皆绿"的目标，并可节约能源，吸收大气中的二氧化碳，改善大气和水源质量，减少洪水径流，减弱噪声，遏制土地沙化，减少浮尘天气，改善空气质量。

②**社会效益**。城市森林可美化环境，有益市民健康，使城市居民的生活、工作和休闲环境更加舒适宜人，是构成城市景观中不可或缺的重要成分，也为城市居民提供了户外休闲娱乐场所；森林树木往往成为一个城市的特色，可提高城市知名度，并可提高市民的主人翁意识和爱护环境的责任感。

③**经济效益**。城市森林建设的林副产品可带来直接经济效益，并且可为旅

游资源的开发带来可观的经济收益，城市森林建设可促进地方经济和社区发展，增强城市和周边地区的经济活力。

森林城市的提法最早源于美国和加拿大。1962 年，美国肯尼迪政府在户外娱乐资源调查中，首先使用"森林城市"这一名词，使城市森林建设蓬勃发展，极大地推动了生态城市的建设水平。美国对城市森林的理解比较广义，泛指一般意义上的城市范围内的所有树木。而欧洲一些国家，像德国、芬兰等把城市森林主要定义为城市内的较大林区和市郊森林。这些国家森林资源丰富，各城市中绿化率几乎达 50％以上，环境优美，绿化遍及各个角落，同时或在市中心，或在市郊都建有城市森林，成为市民的天然氧吧。这些城市生存环境宜人，环保意识已经深入每个市民的大脑，是真正的森林城市和生态城市。日本对城市森林的建设也十分重视，城市森林有相当的规模和质量，而且被赋予了浓烈的文化氛围。

我国城市森林建设始于 20 世纪 80 年代，相对于欧美国家起步较晚，但是也给予了相当的重视。在国家相关部门的推动下，很多城市纷纷响应。为积极倡导我国城市森林建设，激励和肯定我国在城市森林建设中成就显著的城市，为我国城市树立生态建设典范，从 2004 年起，全国绿化委员会、国家林业局启动了"国家森林城市"评定程序，并制定了《"国家森林城市"评价指标》和《"国家森林城市"申报办法》。同时，每年举办一届中国城市森林论坛。2004 年，时任中共中央政治局常委、全国政协主席的贾庆林为首届中国城市森林论坛作出"让森林走进城市，让城市拥抱森林"重要批示，成为中国城市森林论坛的宗旨，也成为保护城市生态环境，提升城市形象和竞争力，推动区域经济持续健康发展的新理念。

创建"国家森林城市"是坚持科学发展观、构建和谐社会、体现以人为本，全面推进我国城市走生产发展、生活富裕、生态良好发展道路的重要途径，是加强城市生态建设，创造良好人居环境，弘扬城市绿色文明，提升城市品位，促进人与自然与谐，构建和谐城市的重要载体。

由于《城市绿化条例》《国家生态园林城市标准》《国家森林城市评价指标》的制定，各方面对"森林、生态平衡是城市可持续发展的根本"达成共识，而"森林城市"建设对生态平衡的作用是显而易见的，城市森林的理论研究和实践都在不断深化。

我国城市森林发展理念日渐清晰,通过近30年的研究与实践,符合中国特色的城市森林建设指导思想"森林环城、林水相依"的城市森林建设理念得到广泛认同,即实现在整体上改善城市环境、提高城市活力的城、林、水一体化城市森林生态系统。

国家森林城市,是指城市生态系统以森林植被为主体,城市生态建设实现城乡一体化发展,各项建设指标达到国家森林城市评价指标,并经国家林业主管部门批准授牌的城市。国家林业局于2007年3月15日公布了国家森林城市评价指标,截至2012年已有贵阳、沈阳、许昌、长沙、成都、宝鸡、南宁、无锡等41个城市获得"国家森林城市"称号。

第九节 文化城市

在传统意义上,文化城市一般被理解为是以宗教、艺术、科学、教育、文物古迹等文化机制为主要职能的城市。如以寺院、神社为中心的宗教性城市:印度的菩陀迦亚、日本的宇治山田、以色列的耶路撒冷、阿拉伯的麦加等;以大学、图书馆及文化机构为中心的艺术教育型城市:英国的牛津、剑桥等;以古代文明陈迹为标志的城市:中国的北京、西安、洛阳等;日本的奈良、京都;希腊的雅典和意大利的罗马等。

文化城市是历史的产物,虽然以文化活动为主要功能,但伴随文化发展出现人口集聚、市场繁荣、交通发达等趋向时,这类城市的商业、旅游服务及运输、工业等职能也应运而生,这就使一些文化城市向具有多功能的综合性城市发展或向其他主要职能转化。

但是,目前国内关于文化城市的内涵和定义涉及甚少。戴立然认为"城市文化"是名词,特指"已经存在的物质文化和精神文化的总和";"文化城市"是动词,特指用文化"濡化"城市,即通过"文治教化","以文化人、以文化城"。认为现代城市的核心是市,市的核心是人,人的核心是文。城市价值观念文化是城市文化的灵魂或精髓,是"文化城市"的关键,城市规范性文化(人的行为模式、规范、生活方式、风俗习惯等)是"文化城市"的重点，语言和符号是"文化城市"的重要手段。

2004 年的上海文化工作会议对文化城市的概念作了粗略定义，认为文化城市是文明城市、学习型社会和国际文化交流中心，同时也是国家历史文化名城。

首先，文化城市必须是作为一种充满人情味的空间。文化城市将生活而不是生产置于首位。也即，文化城市不以塑造生产性城市为根本目标，也不是简单地建设为目的的消费性城市，而是将重心置于塑造高质量的、充满人情味的生活空间之上，将城市居民的心理感受置于首位，将营造令人愉悦的工作、生活、休闲环境与氛围作为其根本出发点。

其次，文化城市是作为一种城市发展的理念和方法路径。文化最原始的意义在于"以文教化"，是一个动词。因此，这里文化城市所表现出来的第二层内涵就是利用文化这一手段来实现城市发展的理想图景。简单概括即"以文化城"，用文化提升城市居民，用文化促进城市发展。

文化城市的提出基于复杂的时代背景：不仅包括经济全球化以及随之而起的文化全球化所引起的文化危机，还包括当前快速城市化所引起的诸如社会两极化、城市中心区衰退、城市生活人情味丧失、城市与区域环境恶化、城市文化特色式微等。因此，构建文化城市必然具有多目标指向。首先，是保障国家和民族的文化生存；其次，是以文化的手段促进城市经济可持续增长；再次，是促进城市居民日常交流，破解理性趋利决策造成的城市居民的心理与情感隔离。

上述三个目标总结起来，即是融合与超越。融合即经济发展与社会文化进步相协调，全球文化与地方文化相共存，传统文化与现代文化相融合，世俗文化与高雅艺术相共生等；超越即实现城市文化教化、城市文化创新、城市文化全球扩散等。

第十节 创意城市

一、创意城市概念

厉无畏认为，创意城市不是严格的学术概念，而是一种推动城市复兴和重生的模式。它强调消费引导经济，以科技创新和文化创意双轮驱动经济发展。在全球性竞争日趋激烈、资源环境的约束日渐增强的形势下，它使地方城市从主要依赖自然客体资源的发展转向着重开发人类主体资源，努力解放文化生产力，重塑城市形象，再获生机，实现持续发展的战略转型。

创意形成创意产业，创意产业构筑创意城市，创意城市又萌生新的创意。创意城市是推动文化经济、知识经济的关键。打造创意城市，能吸引文化创意人才与团体，通过创意产业的兴起赋予城市以新的生命力和竞争力，以创意方法解决城市发展的实质问题。可见，以知识经济为基础的创意经济时代即将来临，而创意城市的建设则是未来城市发展的必然趋势。

二、创意城市的特征

1. 具有发达的创意产业，同时以创意产业支持和推进更为广泛的经济领域的创新。

那些名列世界前茅的国际大城市无不具有发达的创意产业，而更重要的是那里的创意产业还支持了其他产业的创新。2005 年欧洲工商管理学院的钱·金教授和勒妮·莫博涅教授出版了《蓝海战略》一书，强调企业应把视线从供方转向需方，从关注和比超竞争对手的作为转向为买方提供新的价值元素，并剔除和减少某些旧的价值元素，从而跃出"红海"——血腥竞争的市场，闯入"蓝海"——可以纵情驰骋浩瀚无垠的新市场。"蓝海战略"的基石是价值创新，并且尽可能降低成本。在前述创意城市里不仅创意产业是个巨大的产业群，创意成果往往还成为其他产业的要素投入，向消费者提供新的价值元素。如米老鼠、芭比娃娃、哈利·波特、流氓兔、"你好·凯蒂"等都是创意产业的成果，形成品牌后被广泛渗透到玩具、文具、服装、服饰、箱包、食品等行业，大大提高了这些产业的附加值。音乐也可以录入芯片，融合到某些商品中提高它们的价值。比如打开生日卡片可听到"祝你生日快乐"的歌声；打开酒瓶，就会唱"饮酒歌"。而创意策划几乎有助于一切传统产业去开创"蓝海"，并带动一批相关产业的发展。更重要的是，由于创意产业的发展，人们的文化水平大大提高，观念更新，创意涌动，使各行各业都有无数的创新出现。

2. 具有良好的经济和技术基础，支持创意产业的发展。

任何产业的发展都需要一定的资金支持，创意产业要"无中生有、有了变优"，更需要资金支持，因而需要有良好的经济基础以提供必要的资金支持。在当今各创意城市里，不仅有政府提供的文化发展基金，还有许多民间提供的公益性基金支持科技和文化的发展，有较发达的金融服务提供产业投资、创业投资、风险投资等服务。只要有好的创意是不愁找不到资金支持的。再就是科技支持。创意产业本身就是文化、科技、产业和市场的完美结合，没有现代信息技术的支持，哈利·波特怎能在全球通过电影、电视、动漫游戏等获得数亿英镑的价值收入？没有科技支持，迪斯尼乐园又怎能吸引那么多游客？

3. 具有适宜创意人才生存发展的优良生态，不仅能集聚一批优秀的创意人才和经营人才，而且重视创意产业相关人才的培养。

例如，柏林为创意活动的开展提供了卓越的基础设施和活动空间，各类创意人才如设计师、摄影师和建筑师等在这里很容易找到他们的艺术理想、发展空间，较低的居住成本，便捷的网络，在设计方面的公共交流平台以及诸如包豪斯博物馆、维特拉设计博物馆等极具竞争力的、吸引了大量设计人才的创意企业。另外柏林还十分重视对设计人才的培养。目前约有来自世界各地的5000名学生在柏林学习与设计相关的专业，在欧洲，能为学生提供那么多设计方面的学习选择的城市仅此处。

4. 具有良好的文化氛围，不仅宽松包容，允许多样化的文化存在与发展，而且具有一定数量和水平的受众，使创意活动得以顺利开展。

包容性对创意城市的意义在于能够吸引创意人才并能容忍各种奇思妙想，而多样化的文化交流更有利于创新。这样的文化氛围可以吸引更多的创意人才和公司，产生更多的创新。另外任何产业的发展都需要一定规模的市场，对创意产业而言，其受众已不仅是消费者，他们与生产者的互动不仅引导着创新，甚至也会参与创意的生产。因此具有一定数量和较高文化水平的受众也是促进创意城市成长和发展的重要力量。

三、创意城市的类型

根据经济与城市发展的历史进程，荷兰特文特大学教授格特罗·豪斯普（Gert-Jan Hospers）总结出 4 种类型的创意城市。

1. 技术创新型城市（Technological-Innovative Cities）

这类城市多为新技术得以发展或是新技术革命的发源地。一般是由一些具有创新精神的企业家，即 Schumpeter 所谓的"新人（newmen）"，通过创造既相互合作又专门化分工并具有创新氛围的城市环境而引发城市的繁盛。

2. 文化智力型城市（Cultural-Intellectual Cities）

与技术创新型城市相反，这类城市偏重于"软"条件，例如文学和表演艺术，通常都是出现在现存的保守势力和一小群具有创新思维的激进分子相互对峙的紧张时期。主张改革的艺术家、哲学家、知识分子的创造性活动引起了文化艺术上的创新革命，随后形成了吸引外来者的连锁反应。

3. 文化技术型城市（Cultural-Technological Cities）

这类创意城市兼有以上两类城市的特点，技术与文化携手并进，形成了所谓的"文化产业"（Cultural Industries）。相应的，著名的英国城市地理学家 Peter Hall 也曾提出"艺术与技术的联姻（The Marriage of Art and Technology)"，认为这种类型的创意城市将是 21 世纪的发展趋势，将互联网、多媒体技术与文化睿智地结合在一起，文化技术型城市将会有一个黄金般美好的未来。

4. 技术组织型城市（Technological-Organisational Cities）

技术组织型城市是在政府主导下与当地商业团体公私合作推动创意行为的开展。人口大规模聚居给城市生活带来了种种问题，比如城市生活用水的供给，基础设施、交通和住房的需求等。这些问题的原创性的解决方案造就了技术组织型的创意城市。

第十一节　创新城市

一、创新城市定义

创新型城市是指主要依靠科技、知识、人力、文化、体制等创新要素驱动发展的城市，对其他区域具有高端辐射与引领作用。创新型城市的内涵一般体现在思想观念创新、发展模式创新、机制体制创新、对外开放创新、企业管理创新和城市管理创新等方面。

二、创新型城市的构成要素

创新资源——创新活动的基础，包括人才、信息、知识、经费。

创新机构——创新活动的行为主体，包括企业、大学、研究机构、中介机构、政府等。

创新机制——保证创新体系有效运转，包括激励、竞争、评价和监督机制。

创新环境——维系和促进创新的保障，包括创新政策、法律法规、文化等软环境，信息网络、科研设施等硬环境以及参与国际竞争与合作的外部环境。

三、创新型城市的类型

一是文化创新型城市。这类城市，如法国巴黎、英国伦敦和芬兰赫尔辛基等，其城市创新发展的战略与内容，偏重于文化产业发展的突破，即依托经济繁荣发达和较强的人力、物力、财力支撑，大力推进文化创新，通过文化艺术领域创新，打造全新的城市发展形态。文化创新型城市，通常为一国的首都或重要城市。

二是工业创新型城市。这类城市，如美国堪萨斯、英国哈德斯菲尔德和韩国大田等，其城市创新发展的重点是以工业创新作为突破口，即依托地处大都市周边，工业基础比较扎实，工业领域的人才、技术等优势比较突出的支撑，大力推进工业技术创新，形成以工业产业创新带动城市发展创新的格局。

三是服务创新型城市。这类城市，如美国纽约、德国柏林和日本东京等，其城市创新发展的战略与内容，是把现代服务业作为创新型城市的主攻方向，通过不断创新城市的服务，增强城市服务功能，着力发展服务型经济，不断满足本地城市居民的各种需要，也不断为全球经济发展提供各种跨国服务，同时推动城市经济社会发展与世界经济发展的融合。服务创新型城市第三产业发达，社会综合服务能力较强，政府服务水平和社会福利水平较高。

四是科技创新型城市。这类城市，如印度班加罗尔、美国硅谷、加拿大渥太华等，主要出现在20世纪末21世纪初，其城市创新发展的战略与内容，是凸显科技集成和科技创新。科技创新型城市一般依托国际一流的大学和研究机构，形成雄厚的科技实力、较强的创新能力与明显的科技产业优势。其通过大力发展先进科技生产力，在协调推进城市经济、社会、文化、生态发展的同时，为世界各国经济社会发展提供大量的高新技术和高科技产品，成为推动全球科技进步的动力源。

四、创新型城市的评价标准

世界公认已有20个左右的国家步入创新型国家行列，包括美国、英国、法国、德国、日本、芬兰等，这些国家一般都具备四个基本特征，据此可确定创新型城市的评价标准：

①创新投入：研发投入占地区生产总值比重在2.5％以上；

②科技进步贡献率：科技进步贡献率60％以上；

③自主创新能力：对外技术依存度在30％以下；

④创新产出：创新产出高、发明专利多。

进入21世纪，在经济全球化的进程中，国际竞争更趋激烈，许多国家都把强化国家创新体系作为国家战略，把科技创新投入作为战略性投资，超前部署和发展科学研究前沿的高技术及其战略产业，实施国家重大科技规划，以增强国家创新能力来提升国际竞争力。

2010 年 4 月，科技部印发了《关于进一步推进创新型城市试点工作的指导意见》以及《创新型城市建设监测评价指标（试行）》，对创新型城市建设提出总体要求。

目前，已经有深圳、北京、广州等城市提出并明确创新型城市的目标，深圳作为一个民营高科技创新都市，成为首个国家创新型城市试点，计划于 2015 年建成。我国陆续批准创新型试点城市及地区如下：

1. 2008 年：深圳。

2. 2009 年：大连、青岛、厦门、沈阳、西安、广州、成都、南京、杭州、济南、合肥、长沙、苏州、无锡、烟台。

3. 2010 年：北京海淀区、天津滨海新区、唐山、包头、哈尔滨、上海杨浦区、宁波、嘉兴、合肥、厦门、济南、洛阳、武汉、长沙、重庆沙坪坝区、成都、西安、兰州、海口、昌吉、石河子。

4. 2011 年：连云港、沈阳、西宁、秦皇岛、呼和浩特。

5. 2012 年：郑州、南通、乌鲁木齐。

6. 2013 年：宜昌、扬州、泰州、盐城、杭州、湖州、萍乡、青岛、济宁、南阳、襄阳、遵义。

到目前为止，全国创新型城市试点已达 57 个。

第十二节　智慧城市

一、智慧城市的内涵

智慧城市是新一代信息技术支撑、面向知识社会的创新 2.0 环境下的城市形态。智慧城市基于物联网、云计算等新一代信息技术以及维基、社交网络、FabLab、LivingLab、综合集成法等工具和方法的应用，营造有利于创新涌现的环境。利用信息和通信技术（ICT）令城市生活更加智能，资源利用更加高效，导致成本和能源的节约，改进服务交付和生活质量，减少对环境的影响，支持创新和低碳经济，实现智慧技术高度集成、智慧产业高端发展、智慧服务高效便民、以人为本持续创新，完成从数字城市向智慧城市的跃升。

第一，智慧城市建设必然以信息技术应用为主线。智慧城市可以被认为是城市信息化的高级阶段，必然涉及信息技术的创新应用，而信息技术是以物联网、云计算、移动互联和大数据等新兴热点技术为核心和代表的。

第二，智慧城市是一个复杂的、相互作用的系统。在这个系统中，信息技术与其他资源要素优化配置并共同发生作用，促使城市更加智慧地运行。

第三，智慧城市是城市发展的新兴模式。智慧城市的服务对象面向城市主体——政府、企业和个人，它的结果是城市生产、生活方式的变革、提升和完善，终极表现为人类拥有更美好的城市生活。

综上所述，智慧城市的本质在于信息化与城市化的高度融合，是城市信息化向更高阶段发展的表现。智慧城市将成为一个城市的整体发展战略，作为经济转型、产业升级、城市提升的新引擎，达到提高民众生活幸福感、企业经济竞争力，城市可持续发展的目的，体现了更高的城市发展理念和创新精神。

智慧城市是智慧地球的体现形式，是 Cyber-City、Digital-City、U-City 的延续，是创新2.0时代的城市形态，也是城市信息化发展到更高阶段的必然产物。但就更深层次而言，智慧地球和智慧城市的理念反应了当代世界体系的一个根本矛盾，就是一个新的、更小的、更平坦的世界与我们对这个世界的落后管理之间的矛盾，这个矛盾有待于用新的科学理念和高新技术去解决。此外，智慧城市建设将改变我们的生存环境，改变物与物之间、人与物之间的联系方式，也必将深刻地影响和改变人们的工作、生活、娱乐、社交等一切行为方式和运行模式。因此，在本质上，智慧城市是一种发展城市的新思维，也是城市治理和社会发展的新模式、新形态。智慧化技术的应用必须与人的行为方式、经济增长方式、社会管理模式和运行机制乃至制度法律的变革和创新相结合。

智慧城市是集自我创新功能、时空压缩功能、自动识别功能、智慧管理功能于一身的高度数字化、网络化、精准化、智能化的信息集合体。智慧城市包含着智慧技术、智慧产业、智慧（应用）项目、智慧服务、智慧治理、智慧人文、智慧生活等内容。对智慧城市建设而言，智慧技术的创新和应用是手段和驱动力，智慧产业和智慧（应用）项目是载体，智慧服务、智慧治理、智慧人文和智慧生活是目标。具体说来，智慧（应用）项目体现在：智慧交通、智能电网、智慧物流、智慧医疗、智慧食品系统、智慧药品系统、智慧环保、智慧水资源管理、智慧气象、智慧企业、智慧银行、智慧政府、智慧家庭、智慧社区、智慧学校、智慧建筑、智能楼宇、智慧油田、智慧农业等诸多方面。

二、智慧城市的特征

1. 信息无所不在

基于云计算、物联网、移动互联网、大数据等基础信息架构，不间断地通过信息终端和信息服务，信息需求者可按需随时获取，从而增强环境的友好性，提高城市管理的效率和科学性。

2. 融合

智慧城市的本质是融合，以信息融合为基础的城市运行系统之间交融协作，从而达成有效的服务和管理。

3. 以人为本

以人为本是智慧城市建设的精髓，智慧城市的核心是构筑面向市民的泛在的、机会均等的城市服务。

4. 优化资源配置

通过信息技术与其他资源要素优化配置并共同发生作用，从而减少城市的资源消耗和浪费。

2008 年以来，智慧地球理念即在世界范围内悄然兴起，许多发达国家积极开展智慧城市建设，将城市中的水、电、油、气、交通等公共服务资源信息通过互联网有机连接起来，智能化地作出响应，更好地服务于市民学习、生活、工作、医疗等方面的需求，改善政府对交通的管理、环境的控制等。在我国，一些地区在数字城市建设基础上，开始探索智慧城市的建设。可以说，建设智慧城市已经成为历史的必然趋势，成为信息领域的战略制高点。

建设智慧城市，是转变城市发展方式、提升城市发展质量的客观要求。通过建设智慧城市，及时传递、整合、交流、使用城市经济、文化、公共资源、管理服务、市民生活、生态环境等各类信息，提高物与物、物与人、人与人的互联互通，全面感知和利用信息能力，从而能够极大提高政府管理和服务的能力，极大提升人民群众的物质和文化生活水平。建设智慧城市，会让城市发展更全面、更协调、更可持续，会让城市生活变得更健康、更和谐、更美好。据世界银行测算，一个百万以上人口的智慧城市建设，达到实际应用程度85％的时候，在城市 GDP 投入不变的情况下，财富能够增长 2 倍至 2.5 倍，未来20 年城市智慧产业的发展充满前景。

智慧城市建设要实现两大最基本的革命：一是生产方式、生活方式、流动方式和公共服务的巨大变革；二是政府决策、社会管理、公共服务和社会民生的革命性进展。截至 2011 年底，中国有 154 个城市提出要建设智慧城市，规划投入建设资金超过 1.5 万亿元人民币。

智慧城市建设是新型城镇化与城市现代化的重要抓手，在信息爆炸及大数据的背景下，如何运用新一代信息技术、智能技术，动态采集城市系统信息，并通过计算机技术，系统模拟城市运行机制与状态，对城市进行科学合理地调控，从而实现城市健康发展，是一项重大的理论与现实问题。城市系统包含经济、社会、文化、生态环境等多个子系统，因此，智慧城市的建设、城市模拟技术的发展，必然需要多学科共同协作完成。

第十三节　度假城市

度假城市，是指旅游或度假成为当地文化和经济的主要组成部分的城镇。大多数的度假城市拥有一个或多个度假村，但是也有一些地方因为深受游客欢迎而被认为是度假胜地。

通常情况下，度假城市的经济几乎完全迎合游客的需求，大多数居民都从事旅游业，他们在商店、高档精品时装店销售当地为主题的服装和纪念品，或在度假村、汽车旅馆以及遍布市中心繁华地带的特色餐馆里工作。

城市旅游是时下最火热的旅游方式，城市本身作为旅游吸引物，成为游客观光游览的目标。这些城市主要有六大类型：

第一类，国际大都市，如北京、上海等；

第二类，古城古镇，如杭州、西安、丽江、平遥、周庄等；

第三类，边境口岸城市，如河口、畹町、满洲里等；

第四类，花卉节庆城市，如洛阳牡丹、开封菊花等；

第五类，滨海滨湖度假城市，如三亚、青岛等；

第六类，特色风貌城市，如桂林、乌鲁木齐、重庆等。

对于这些城市，其城市本身就具有较大的观光游览和休闲度假价值，因此，整个城市的经营战略，就应该系统地把城市作为旅游吸引物进行规划和运作，形成城市目的地系统，把城市的旅游吸引力提升到较高的水准。其中，城市交通的旅游交通功能，城市广场的游客休闲功能，城市风貌特色化，城市接待功能的游客服务要求，城市游客服务的系统化等，都是城市建设必须直接考虑的。

一座令人向往的城市，休闲度假绝对是其中最令人向往的因素，但是度假不代表不工作。度假城市要求城市的度假旅游资源和功能比较突出，城市群中各个城市之间的旅游一体化特征明显，形成合理分工，产生聚集效应，组合形成具有代表性的度假生活模式。

具体来说，度假产品必须是这座城市的独家产品，包括休闲公园、市民广场、城市休闲体系、城市水体和城市的文化体系。在这样的城市，度假区已经成为人们的第二居所、第一生活。

现在国人习惯性地认为把城市宾馆搬到一个风景比较好的地方就叫作度假酒店，这显然是错的。度假的概念其实非常以人为本，即使是城市度假也未尝不可。比如在巴黎，很多市民夏季无法出城度假，当地政府就在塞纳河边铺上沙子，打起大遮阳伞，市民一下班就能去河边"度假"。

这样的度假，既是项目创新，也是环境优化，这就要求在城市自身、城市周边和城市的远近郊区发展出一个完整的、系列的度假体系，在这一体系中，每一类产品都有不同的要求，也有不同的特点，关键是以人为本、以特为魂、以新拉动、以繁取胜，拥有这样的度假社区的城市一定会有广阔的前景。

美国《时代周刊》列出的世界前20位的海滨度假城市是：里约热内卢、坎昆、迈阿密、阿卡普尔科、哈瓦那、布里斯班、火奴鲁鲁、巴塞罗那、芭堤雅、那霸、新加坡、三亚、迪拜、圣胡安、威廉斯塔德、戛纳、瓦尔纳、拿骚、开普敦、路易港。

第十四节　友好城市

友好城市，又称"姐妹城市"或"姊妹城市"，指的是将地域上或政治上无关的城镇或城市配对起来，以期达到增加居民或文化交流的目的。友好城市通常有类似的规模或是其他类似特征，城市之间时常会进行经济、科技、文化等方面的交流与合作。

国际上最初出现友好城市这种城市间交往形式，主要是因为战时敌对国家的城市官员在战后力图通过建立友好消弭城市间人民的敌对，是一种感情型的对外交往。国际上建立友好城市初始于第一次世界大战之后，到第二次世界大战后国际友好城市开始大量涌现。一战结束后，为了医治战争创伤，英国的约克郡凯里市官员访问法国的普瓦市，英国人看到战争给城市人民带来巨大灾难，市内遍布废墟，提出两市结好并协助普瓦市重建，随即两市结好，这是世界上第一对友好城市。

第二次世界大战结束后，1945年在欧洲瑞士圣山举行的法德市长特别会议上，正式提出在城市间建立一种稳定的友好交流关系，并将其确定为一种普遍适用的、有组织的国际交往活动。这个动议是德国率先提出来的，意在通过这种城市结好的形式，改变其邻国对德国是战争发源地的恶劣印象。客观上，这对于改变二战期间法德的敌对关系和两国人民之间的仇视心态具有重要意义。随后这一活动在全欧洲蓬勃展开，后波及北美及发展中国家。这一特殊的历史背景使法国和德国成为当今世界上拥有友好城市数目最多的两个国家。1988年，法德两国就有3000对以上姐妹城市，在当年全世界大约1.1万对姐妹城市中占了约30%，而姐妹城市数位居第三的美国，直到1997年才拥有1900对。西方国家习惯将这种友城称为"姐妹城市"（Sister City）或"双胞胎城市"（Twin City）。

据统计，中国自1973年开展友好城市活动以来，目前共有30个省、自治区、直辖市（不包括台湾省及港、澳特别行政区）和391个城市与五大洲

130 个国家的 422 个省（州、县、大区等）和 1307 个城市建立了 1871 对友好城市（省州）关系。在这 1871 对友好城市中，与中国建立最多友城关系的国家是日本。日本的 248 个都、道、政府、县、村、町，分别和中国的省、首都、直辖市、省会、地级市及辖区、县级市建立"友好城市"关系。与中国结交友好城市最多的前十名国家多为发达国家，在日本之后分别为美国、韩国、俄罗斯、澳大利亚、德国、法国、意大利、巴西和加拿大。在国内，江苏省以 239 对结好数，成为缔结之王，之后是山东的 153 对和广东的 109 对。

友好城市通常有类似的规模或是其他特征，但也并非所有的例子都是如此。有时还有更大的区域进行这种配对，如中国的苏州和意大利的威尼斯；中国的海南省和韩国的济州岛，还有中国广东省的广州市与日本的福冈市、美国的洛杉矶市、澳大利亚的悉尼市等十余个城市也结成了友好城市。

桂林市缔结的国际友好城市有：

1979 年 10 月 1 日，日本熊本市；

1981 年 3 月 4 日，新西兰黑斯廷市；

1986 年 5 月 14 日，美国奥兰多市；

1990 年 5 月 7 日，日本取手市；

1997 年 10 月 29 日，韩国济州市；

2010 年 8 月 29 日，波兰托伦市。

第十五节　情感城市

人对于物化的城市空间是有感情的，每一个城市空间都有它的特征，人在城市空间中会受到这种特征的感染而产生不同情感。古希腊人非常重视城市空间的营造。雅典的执政官伯里克里说过这样一句名言："我们的城市培养市民的道德和民主。"古希腊人把城市空间与人的精神世界结合起来，让城市物质世界和人的精神世界存在一种不可分割的联系。

一个民族的性格、文化、生存状态和精神状态很大程度上都可以从他的生存环境尤其是城市环境判断出来。一个伟大的民族后面肯定有一座伟大的城市,一种伟大的文明背后肯定有一个伟大的城市空间作为支撑。所以说,城市空间是文化的舞台,同时也是一个民族情感的寄托。

中国传统城市是非常注重情感的,这点我们可以从唐诗宋词对城市的描写中看出来,如"独上高楼""云想衣裳花想容,春风拂槛露华浓"等。从宋元明清的城市绘画中可以看出,很多城市形态都非常考究,并充满诗情画意。

人们常说"江山如画",在如画的空间里,人才能产生美好的情感,才能产生诗意。从城市空间情感这个角度来看,中国的一些乡村充满了温情与山水的自然融合,尤其是在塑造景观的诗意化场景方面。中国城市非常注重亭台楼阁的塑造,我们送别的时候有十里长亭,庆典的时候有广场楼阁。于是有了大量关于亭台楼阁的诗篇,像《滕王阁赋》《岳阳楼记》等。《岳阳楼记》的文字就是非常典型的对空间情感的描述,它首先讲人刚登上楼时对楼上景色的反应,接着描述景色对人心灵、情感的触动:天气不好的时候"日星隐耀,山岳潜形",然后让人产生了"去国怀乡,忧谗畏讥,满目萧然,感极而悲"的情绪;天气好的时候"沙鸥翔集,锦鳞游泳,皓月千里,浮光跃金,静影沉璧,渔歌互答",这种景色让人"心旷神怡,宠辱皆忘,把酒临风,其喜洋洋者矣"。由此可见,中国人对空间以及空间与人的情感是非常关注的。

欧洲传统城市的空间都富有深厚的情感,有一种诗化的空间意象,所以才有吸引力,表现出从容、快乐和享受,这是欧洲人对于城市的态度,也是城市空间赋予欧洲人的一种情感。欧洲有很多"慢城",这里的人悠闲浪漫,对生活无限享受,让人不愿离开。在意大利,火车沿途可以看到那些隐逸在山峦、农田当中的村落,这样的小镇有无限的神秘感,你会被那种空间吸引;在法国大部分农村小镇都可以感受到诗化的空间,你会不自觉地想画水彩画、写游记、写诗来赞美⋯⋯这就是欧洲城市最成功的地方。

现在的城市面临着一个很大的问题——快速城市化,大部分城市在短时间内高速建成,大部分城市规划与设计并没有把人的情感考虑进去,没有创造温情和怀旧的空间,更没有创造人性化的空间,使我们感觉到城市一直处于一种过渡的、旅途中的、一种以车行方式为主的状态。我们在城市中穿越，却不愿在城市中停留，想从城市逃离，这就是我们所面临的一个很严峻的现实。

1. 温情

为什么那些古老的历史文化名城有吸引力呢？为什么我们认为像杭州这样的城市有吸引力，而愿意在那里工作、生活、居住呢？因为在这样的城市，我们能够体会到一种温情，能够发现一种人性化的空间，这种人性化的空间满足了我们的情感需求，而不仅仅是物质需求。生活需要一种温情，就像歌曲一样，温情的音乐和场景，才是人类生活的主题。

我们的城市规划和城市设计一直关注功能、生产、效率、交通和防灾等，却忽略了城市空间的情感需求。温情的城市空间才是城市更新、旧城改造和新城规划的终极目标。尽管现在也需要一些纪念性的城市空间，但是这些不能代表所有城市的空间意向，纪念性的城市空间只是城市空间中的一部分，并不是城市的主流。

目前，中国的城市规划大部分都把城市当成生产型的工业园区，即使是以文化为题也把它叫作"文化产业园区"。这种园区落实到城市空间，就是一种土地利用的方格网：不同类型的建筑摆放在一种网格化的城市空间里面。这种建设，与我们所强调的"温情城市意象"是有很大一段距离的。

很多欧洲城市空间是非常温情的：广场上看似简单的几棵梧桐树，人们在树下席地而坐，聊天、交友、其乐融融；每天上午，广场会形成一个自由市场，这个市场卖水果、蔬菜和其他食品。这样一种以人为本和生活紧密相连的城市空间，它本身是非常艺术、干净和温馨的。

为什么很多老的城市拥挤、嘈杂，交通又不便利，但大家都住在老城区不愿意离开呢？就是因为我们现在的新城规划没有创造出一个温情的城市空间。即便这些年景观塑造一直被热捧，但是就城市空间的营造来说，我们做得远远不够。

2. 怀旧

怀旧，是一种更高层次的人们对空间的情感需求。人们习惯于生活在一种有时间、有历史的空间里。当我们在欧洲看到很多1000年前的房子和街道或者500年前的建筑还在使用时，我们会非常羡慕。

我们看到那些石头、那些材料，可以想象几百年来多少代人在这里生活过，历史记忆里的人和事让游人产生一种美好的情感，让人不禁想停下来，体验眷恋生命、渴望宁静的感受。城市中需要这样的空间，让人们在这种怀旧的空间里，沐浴历史的光辉。

3. 人性化空间

"人性化的城市空间"是一个非常需要树立的理念，现在的新城规划忽略了人是第一要素，强调以汽车为单位的空间统计方法（如4车道、8车道，甚至是16车道）变成了城市间相互竞争和炫耀的标准。所以在很多城市，车道如飞机跑道般宽阔，街道却空旷冷清，这实际上是规划上的大失误。

人性化的空间在农耕时代就被高度重视。传统古城的肌理就是农耕时代的人们对空间人性化的敏锐感悟。弯曲的街道，"丁"字形的路口，街道空间高宽比的和谐，让人觉得非常舒适。我们只有观察到这种细节，才能体会到当时规划和设计的匠心。现在的新街道设计，很难做出传统城市街道的自然美。

在遵照传统人性化空间尺度来重塑城市这方面，我们应该向欧洲的一些城市学习。城市应该拥有怀旧的情结，这种怀旧的城市空间并不一定要有古建筑，而是要有城市的记忆和历史。城市的不同时期都有它的记忆，所以旧城改造一定要在时间与空间上保留城市的记忆。

塑造一种温情怀旧和人性化的城市空间，是我们目前城市设计需要强调的一个理念。我们在功能主义、工业化的道路上走得太远，应该掉转城市设计的航向，提倡建设一种温情的城市空间，注重人与自然、人与人之间的和谐。

第十六节　立体城市

随着近30年来中国经济的快速增长，城市化速度逐步达到顶峰。目前，中国每年有1800万人口由农村涌入城市，盲目的地域性迁移和城市缺乏理性思考的野蛮生长模式造成了诸如土地资源紧缺、环境污染、生态破坏、交通拥挤等一系列城市病。

立体城市正是基于对中国城市发展问题的深入思考和积极探索，在产业主导和可持续发展原则指导下，契合中国快速城市化进程的一种综合解决方案。立体城市坚持竖向发展、大疏大密、产城一体、资源集约、绿色交通、智慧管理六大规划策略，完善城市化布局和形态，改善城市的低密度分散化倾向，提升城市密集度，提高城市土地使用效率，在 1 平方公里内，打造建筑面积 600 万平方米，常住 10 万到 15 万人，城市中 50％劳动人口在本地就业，实现节地、节能、中密度、高强度投资、产业先导、自主就业的中国未来集约高效、生态宜居城市。

国际上很多大都市，比如说东京和纽约，几乎都变成了立体城市，这是指他们的城市建设不单单向高空发展，还不断向地下延伸。为了节约有限的城市空间，这些城市都把交通枢纽、停车场、大型娱乐场所等建到了地下，再加上立交桥等高空设施的建筑，使得城市显得格外"立体"！

立体之都——东京

日本首都东京，位于关东平原南端，东南濒临东京湾。因隅田川、荒川等江河在附近出海，古地名就叫"江户"。1457 年在此兴筑了一座江户城。1868 年（明治元年），从西部京都迁都来此，遂改名东京。1943 年扩大行政管辖范围，把东京改为东京都。日本的"都"，相当于我国的直辖市。东京都的面积为 2100 多平方千米，现有人口 1100 多万人，其中市区人口 800 多万人。从东京沿东京湾向横滨方向延伸是日本的最大工业区——京滨工业区；从东京往东延伸至千叶县境内，为京叶工业区。

历史上东京曾遭到两次重大的破坏。1923 年关东大地震，江户时代的许多建筑毁于一旦；第二次世界大战期间，日本因发动侵略战争遭到报复性的轰炸，东京成为一片废墟。可是，转眼间几十年过去了，一座座高楼大厦拔地而起，地下铁道、高速公路上的车辆川流不息，东京都以崭新的面貌展现在人们的眼前。

东京是个人口密度很大的都市，地震对它是一个严重的威胁。进入 20 世纪 70 年代以来，城市建设正在向高空、地下发展，成为一座名副其实的立体都市。在霞关、新宿、池袋、涩谷等地，已经相继建成了不少超高层抗震大厦。池袋地区兴建了一个"阳光城"，它的主体是一座高达 240 米的 60 层办公大楼。此外，还有9层的国际进口中心、12层的文化会馆和37层的"阳光王子饭店"。连接这4幢高层建筑的是200多家商店街，其余空地则开辟为广场和公园。"阳光城"的土地面积约为6万平方米，因为最大限度地加以利用，使用面积达到60万平方米。这些"阳光大厦"都有强大的抗震、抗风能力，一切设施完全自动化，人们生活在这里就像置身于一座无所不包的小城市一样。

东京的地下街建筑，最有名的要算"东京站"附近的八重州地下商店街了。它是一个3层沉箱式钢筋水泥结构，就像把一艘航空母舰埋在地下一样，总面积约14万平方米。第一层是有250多家商店的街道，凡是地上能买到的，这里也大体齐全；第二层是开阔的停车场；第三层安装空调、供水、供电等机械设备。像这样的地下街，在东京就有20多处。

日本的中央政府机关都集中在市中心霞关一带。1968年落成的东京第一座36层超高层建筑霞关大厦，156米高，建筑面积153223平方米，犹如鹤立鸡群，特别显眼（图2-15）。从市中心的护城河透过一片松林，就是过去的江户城，天皇皇宫所在地。战后新建的宫殿共7栋，绿瓦白墙，茶褐色铜柱。皇宫一带深沟高阁，古城浓荫，还能领略到江户时代的风貌。在皇宫外苑大草坪的前方，却是一座座连绵起伏的现代化高楼大厦。市内最繁华的1.5千米长的银座大街两旁，高级商店和名牌老铺鳞次栉比。入夜，五光十色的霓虹灯通宵达旦，成了有名的"不夜城"。

图 2-15 东京霞关大厦

第十七节 健康城市

健康城市是世界卫生组织（WHO）面对 21 世纪城市化问题给人类健康带来挑战而倡导的新的行动战略。它起源于世界卫生组织欧洲地区专署的"健康城市项目"，该项目立足于两点，即城市的概念和一个健康的城市理想境界应该是什么样的。城市化是当今全球人类社会发展的总趋势，是社会生产力发展的客观要求和必然结果，城市的发展给人类的生活、工作带来很大方便，促进了世界经济的快速发展。据估测，全球已有 50％的人口居住在城市化的人造空间里。然而，高速发展的城市建设，尤其是工业化的城市面临着社会、卫生、生态等诸多问题，如人口密度高、交通拥挤、住房紧张、不符合卫生要求的饮水和食品供应、污染日见严重的生态环境、暴力伤害等社会问题，正逐渐成为威胁人类健康的重要因素。所以，当今世界对城市的存在和发展提出了新要求，即城市不仅仅是片面追求经济增长效率的经济实体，城市应该是能够改善人类健康的理想环境，是一个人类生活、呼吸、成长和愉悦生命的现实空间。城市发展"不能牺牲生态环境，不能牺牲人类健康，不能牺牲社会文明"。

1994 年，世界卫生组织提出健康城市的概念为：健康城市是一个不断创造和改善自然环境、社会环境，并不断扩大社区资源，使人们在享受生命和充分发挥潜能方面能够相互支持的城市。

国内专家提出较通俗的理解就是：健康城市是指从城市规划、建设到管理各个方面都以人的健康为中心，保障广大市民健康生活和工作，成为人类社会发展所必需的健康人群、健康环境和健康社会有机结合的发展整体。

1995 年，在世界卫生组织出版的《实用指南》中提出健康城市项目的目的是：通过提高人们的认识，动员市民与地方政府和社会机构合作，以此形成有效的环境支持和健康服务，从而改善城市的人居环境和市民的健康状况。

建设健康城市，实质上是政府动员全体市民和社会组织共同致力于不同领域、不同层次的健康促进过程，是建立一个最适宜人居住和创业的城市的过程。尽管健康城市的出发点在于公共卫生，然而这一目标的实现，有赖于良好的城市管理模式，以及人性化的有利于疾病预防和控制的城市规划设计方案。

建设健康城市，是在 20 世纪 80 年代面对城市化问题给人类健康带来挑战而倡导的一项全球性行动战略。世界卫生组织将 1996 年 4 月 2 日世界卫生日的主题定为"城市与健康"，并根据世界各国开展健康城市活动的经验和成果，同时公布了"健康城市 10 条标准"，作为建设健康城市的努力方向和衡量指标。

（1）为市民提供清洁和安全的环境；

（2）为市民提供可靠的持久的食品、饮水、能源供应，具有有效的垃圾清除系统；

（3）通过各种富有活力的创造型的经济手段，保证市民在营养、饮水、住房、收入、安全和工作方面的基本要求；

（4）拥有一个强有力的互相帮助的市民群体，其中各种不同的组织能够为了改善城市健康而协调工作；

（5）能使市民一起参与制定涉及他们日常生活，特别是健康和福利的各种政策决定；

（6）提供各种娱乐和休闲活动场所，以方便市民之间的联系沟通；

（7）保护文化遗产并尊重所有居民（不分其种族或宗教信仰）的各种文化和生活特性；

（8）把保护健康视为公众决策的组成部分，赋予市民选择有利于健康行为的权利；

（9）作出不懈努力争取改善健康服务质量，并能使更多市民享受到健康服务；

（10）能使人们更健康长寿地生活和少患疾病。

目前，全球已有数千个城市或地区加入健康城市建设项目。这些年来，在我国经济快速发展的同时，各级政府越来越重视城市建设。于是，创建文明城市、卫生城市、宜居城市、绿色城镇等成为城市首脑们彰显业绩的主要任务。

从 1994 年起，我国与世界卫生组织开展健康城市项目合作以来，建设健康城市的理念和做法得到各地积极响应。2007 年，上海、杭州、大连、苏州、张家港、克拉玛依、北京市东城区、西城区以及上海市闵行区七宝镇和金山区张堰镇等地，开展了建设健康城镇试点工作。

中国创建健康城市需要从以下几方面做起：

一是确立主要目标，将城市建设远景规划和各类单项目标建设纳入健康城市的总体规划。创建文明、卫生、宜居、绿色城市，核心是建设适合人居的健康城市，即将建设和谐健康的自然环境、社会环境，提高人的文明素质，培育健康人群作为健康城市建设的主要目标。有专家指出，从现在起到 2020 年，是我国全面建设小康社会的关键时期。据预测，到 2020 年，我国城市化水平可能达到 60％左右。当前，我国城镇化和工业化所带来的生态环境问题和生活方式转变及人口老龄化的加速，心脑血管病、癌症、糖尿病等慢性病正成为威胁人们健康的主要因素。通过大力提倡健康生活方式，普及卫生防疫知识，让人民群众自觉行动起来，加强锻炼，戒烟限酒，合理膳食，保持愉快心情，提高国民健康素质，减少慢性病的发生，这不仅是爱国卫生工作的迫切任务，也是城市管理者和建设者义不容辞的历史使命。

二是明确具体标准，将创建健康城市的宏伟目标化作各级领导和市民看得见够得着融得进的实实在在的措施。世界卫生组织制定的健康城市 10 项标准，不仅可以让城市建设有章可循，也可以让市民自觉践行并加以监督。

三是充分考虑市情，在以人为本、科学发展的前提下，创建各地富有特色的健康城市标准。中国是发展中国家，建设健康城市不可能完全按照世界卫生组织的标准操作。各地应结合市情实情，开展富有特色的活动，促进最终目标的实现。比如北京市从"健康奥运、健康北京"全民健康促进活动，到《健康北京人全民健康促进十年行动规划》，再到《健康北京"十二五"发展建设规划》，5 年间"北京健康"促进的理念不断深化。杭州市建设健康城市的目标更加明确：全市人均期望寿命达到 80 岁，初步实现"七个人人享有"（人人享有医疗保障、人人享有养老保障、人人享有 15 分钟卫生服务圈、人人享有 15 分钟体育健身圈、人人享有安全食品、人人享有清新空气、人人享有洁净饮水）的目标。这些活动鲜明地宣传了健康城市理念，广泛深入地进行了新的探索和实践，具有积极的现实意义。

建设"健康城市"是世界卫生组织为应对城市化给人类健康带来的挑战所倡导的一项全球性行动战略，也是中国城市建设科学发展的必然选择。在快速城市化的进程中积极开展健康城市建设，不仅有利于提高我国城市的文明程度和市民的健康水平，而且符合我国构建社会主义和谐社会的根本要求。为了这一美好的愿景，各级城市管理者有责任，我们每个生活在城市的市民也有义务。一个个不断创造和改善自然环境、社会环境，并不断扩大社会资源，使人们在享受生命和充分发挥潜能方面能够相互支持的城市，将会如雨后春笋般出现在神州大地上。

第十八节　文明城市

文明城市，是指在全面建设小康社会，推进社会主义现代化建设的新的发展阶段，坚持科学发展观，经济和社会各项事业全面进步，物质文明、政治文明与精神文明建设协调发展，精神文明建设取得显著成就，市民整体素质和城市文明程度较高的城市。

中央文明委"［2003］9 号文件"规定，全国文明城市每三年评选表彰一次，实行届期制。首次评选是 2005 年，最后一次评选是 2011 年。

创建文明城市的要求包括：

1. 市容市貌

（1）规划合理，公共建筑、雕塑、广告牌、垃圾桶等造型美观实用，与居住环境相和谐，能给人以美的享受；

（2）街道整洁卫生，无乱张贴现象；

（3）公园、绿地、广场等公共场所气氛祥和。

2. 市民在公共场所的道德

（1）公共场所无乱扔杂物、随地吐痰、损坏花草树木、吵架、斗殴等不文明行为；

（2）所有室内公共场所和工作场所全面禁烟，并有明显的禁烟标识；

（3）影剧院、图书馆、纪念馆、博物馆、会场等场所安静、文明，无大声喧哗、污言秽语、嬉闹现象。

3. 市民应具备的交通意识

（1）车辆、行人各行其道；

（2）机动车让行斑马线，车辆、行人不乱穿马路、不闯红灯；

（3）自觉保持交通畅通、不人为造成交通阻塞；

（4）车辆、行人服从交警指挥；

（5）在交通站点遵守秩序，排队候车，依次上下车；

（6）禁止酒后驾车。

4. 公共场所人际互助关系

（1）公交车上为老、弱、病、残、孕及怀抱婴儿者主动让座；

（2）友善对待外来人员，耐心热情回答陌生人的问讯；

（3）公共场所主动帮助老、残、弱或其他需要帮助的人。

5. 市民的满意度

（1）群众对党政机关行政效能的满意度＞90％；

（2）群众对反腐倡廉工作的满意度＞90％；

（3）全民法制宣传教育的普及率≥80％；

（4）市民对政府诚信的满意度≥90％；

（5）市民对义务教育的满意度≥75％；

（6）市民对见义勇为行为的赞同与支持率≥90％；

（7）市民种绿、护绿等公益活动参与率≥70％；

（8）市民对捐献骨髓、器官等行为的认同率≥50％；

（9）市民对本市的道德模范的知晓率≥80％；

（10）市民对本地网吧行业形象的满意率≥70％；

（11）市民对公交站点布局与交通便捷的满意率≥60％；

（12）群众安全感＞85％；

（13）科教、文体、法律、卫生进社区活动覆盖率＞80％；

（14）家庭美德的知晓率≥80％；

（15）市民对创建工作的支持率>80％。

6. 窗口服务行业

对窗口行业进行实地考察、随机暗访，主要内容包括：服务是否文明规范，投诉机制是否便捷有效等。这些行业包括：燃气、供热、自来水、供电、公交、出租汽车、铁路、长途汽车客运站、民航机场、环卫、风景园林、物业服务、邮政、电信、银行、医疗、宾馆、旅行社、商业零售、工商、税务、110、派出所、交警等。

第十九节　幸福城市

据不完全统计显示，目前，全国至少有 18 个省市明确提出"幸福"概念；100 多个城市提出建设"幸福城市"。

如此多的城市提出"幸福"目标，体现了执政理念的进步，这也与社会的发展方向一致，那就是让人民享受幸福生活。幸福作为一种虚无的东西，看不见也摸不着，每个人的切身感受也不尽相同，但从大方向来说，人人都希望找一个宜居、宜业的城市安家，"幸福城市"反映了大多数人的民意诉求。

2012 年 11 月，中国城市竞争力研究会公布了 27 份中国城市分类优势排行榜，而最受关注的当属其中"2012 年中国最具幸福感城市排行榜"（表 2-1），青岛以总分 95.08 的成绩稳居首位。这是青岛第二次高居榜首。进入该排行榜前 10 强的城市为：青岛、杭州、惠州、成都、长春、南京、哈尔滨、烟台、苏州、重庆。

据中国城市竞争力研究会人士介绍，"城市幸福感"是指城市市民主体对所在城市的认同感、归属感、安定感、满足感，以及外界人群对该市的向往度、赞誉度。其特征是：市民普遍感到城市宜居、宜业，地域文化独特，空间舒适美丽，生活品质良好，生态环境优化，社会文明安全，社会福利及保障水准较高。

"城市幸福感评价指标体系"由包括满足感指数、生活质量指数、生态环境指数、社会文明指数、经济福利指数在内的 5 项一级指标、21 项二级指标、

47 项三级指标组成，其中城市居民主观感受的评价是重要部分。此次有 100 个城市登上"幸福城市榜"，但其中一些经济较发达的城市排名反而较为靠后，如北京、上海、深圳，排名均在 90 名以外。

表 2-1　2012 年中国最具幸福感城市排行榜

排名	城市	总分	排名	城市	总分
1	青岛	95.08	24	鄂尔多斯	83.07
2	杭州	94.44	25	徐州	82.75
3	惠州	93.47	26	厦门	82.26
4	成都	93.26	27	合肥	82.14
5	长春	92.48	28	沈阳	82.04
6	南京	92.06	29	抚顺	81.89
7	哈尔滨	91.66	30	东营	81.43
8	烟台	90.04	31	四平	81.38
9	苏州	89.77	32	鞍山	81.36
10	重庆	89.59	33	济南	81.28
11	香港	88.96	34	黔南	81.16
12	宁波	88.42	35	昆山	81.03
13	珠海	88.02	36	佛山	80.89
14	信阳	87.79	37	榆林	80.75
15	昆明	87.46	38	无锡	80.59
16	肇庆	87.21	39	钦州	80.34
17	大连	86.44	40	临沂	79.93
18	柳州	85.12	41	锦州	79.81
19	长沙	84.08	42	广州	79.49
20	威海	84.02	43	扬州	79.27
21	绍兴	83.48	44	郑州	79.01
22	通化	83.36	45	江门	78.71
23	丽江	83.28	46	西宁	78.08

排名	城市	总分	排名	城市	总分
47	泉州	77.98	73	宜春	72.67
48	满洲里	77.86	74	邢台	72.61
49	台北	77.47	75	营口	72.58
50	梅州	77.07	76	赤峰	72.45
51	澳门	77.07	77	六盘水	72.03
52	佳木斯	77.04	78	本溪	71.92
53	克拉玛依	76.83	79	洛阳	71.92
54	中山	76.61	80	唐山	71.68
55	包头	76.49	81	淮南	70.78
56	台州	76.37	82	廊坊	70.69
57	承德	76.33	83	新乡	70.47
58	福州	76.19	84	贵阳	70.08
59	凯里	75.68	85	松原	69.94
60	湘潭	75.49	86	吉林	69.59
61	许昌	72.27	87	辽源	69.19
62	淮北	75.15	88	商丘	69.16
63	德州	74.83	89	镇江	69.05
64	宝鸡	74.70	90	三明	68.71
65	聊城	74.65	91	银川	68.49
66	邯郸	74.61	92	鸡西	67.97
67	牡丹江	74.53	93	拉萨	67.96
68	张家口	74.43	94	深圳	67.73
69	保定	73.45	95	阜新	67.52
70	通辽	73.29	96	北京	67.39
71	宁德	73.18	97	白城	68.85
72	鹰潭	72.89	98	葫芦岛	65.72

排名	城市	总分	排名	城市	总分
99	上海	62.19	100	芜湖	65.15

2013 年 6 月 18 日，中国城市竞争力研究会在香港发布 "2013 中国城市分类优势排行榜" 榜单。研究会对包括港澳台在内的中国 295 个地级以上城市进行了综合评价，在 2013 年中国最具幸福感城市排行榜（表 2-2）中，青岛以 96.18 分的总分获得最具幸福感城市第一名，杭州以 95.44 分排名第二，惠州则以 94.37 分位居第三，香港位列第十六。

表 2-2　2013 中国最具幸福感城市排行榜

排名	城市	总分	排名	城市	总分
1	青岛	96.18	16	香港	77.07
2	杭州	95.44	17	柳州	77.04
3	惠州	94.37	18	昆明	76.83
4	哈尔滨	94.21	19	合肥	76.61
5	南京	93.48	20	通化	76.49
6	烟台	92.06	21	金华	76.37
7	成都	91.66	22	大连	76.33
8	苏州	90.04	23	东营	76.19
9	宁波	89.77	24	丽江	75.68
10	信阳	89.59	25	徐州	75.49
11	济南	88.96	26	绍兴	75.27
12	珠海	88.42	27	扬州	75.15
13	肇庆	88.02	28	抚顺	74.83
14	重庆	87.79	29	梅州	74.7
15	威海	87.46	30	无锡	74.65

客观而言，"幸福城市" 并没有标准答案，但可以肯定的是，"幸福城市" 首先是宜居，只有城市环境良好，空气清新，交通便捷，适合人居住，

这样的城市才够得上"幸福"的第一要素。俗话说"衣食住行",人要生活下去,有了宜居还远远不够,必须让生活在城市中的人有好的就业与创业环境,只有经济收入稳定,事业稳步提升,才能安居乐业,"幸福城市"的雏形才能显现。

此外,"幸福城市"离不开人们普遍关注的民生问题,比如医疗卫生。目前许多地方都存在看病难、看病贵的现象,只有彻底解决这一难题,让人们看得起病,享有良好的医疗服务,身体健康才能得到基本保障。比如教育问题,许多地方存在教育资源分配不均衡的现象,很大程度上造成择校费用高涨,加重了家庭经济负担。只有加快教育资源分配,实现教育均等化,才能让人们不再为下一代的成长担忧,进而促进社会的公平。比如公共服务,事关民众切身利益,一个城市的公共服务水平直接决定了城市的品质和未来的发展水平,只有建立完善的公共服务体系,才能让人们感受到城市的魅力,热爱城市并服务于城市的发展。比如社会保障,一个城市只有建立健全完善的社会保障机制,才能对社会成员的基本生活权利给予保障,从根本上维护社会公平并促进社会稳定发展。

总而言之,民生感受是"幸福城市"最好的诠释,各地建设"幸福城市"只有紧紧围绕"民生"二字,使城市不仅宜居、宜业,还能在民生服务方面实现全方位覆盖,使群众在安居乐业的同时,实现病有所依、老有所养,才能促进社会和谐,"幸福城市"才能真正实现。

第三章 "艺术城市"评价指标体系构建

第一节 "艺术城市"评价指标体系构建的
理论依据与构建原则

一、"艺术城市"评价指标体系构建的理论依据

1. 可持续发展理论

可持续发展（Sustainable Development）概念的明确提出最早可以追溯到1980 年由世界自然保护联盟（IUCN）、联合国环境规划署（UNEP）和野生动物基金会（WWF）共同发表的《世界自然保护大纲》。但是正式使用可持续发展概念并对之作出比较系统阐述的是世界环境与发展委员会（WCED）发表的报告《我们共同的未来》。该报告将可持续发展定义为："能满足当代人的需要，又不对后代人满足其需要的能力构成危害的发展。"可持续发展包括经济可持续与生态可持续两个方面，"艺术城市"建设也要求树立经济、社会与生态环境协调的发展观，强调在开放利用自然的过程中，人类必须树立人和自然的平等协调观，从维护社会、经济、自然系统的整体利益出发，在发展经济的同时重视资源和生态环境支撑能力的有限性，实现人类与自然的协调发展。

2. 生态资源价值理论

根据环境经济学理论，生态环境是由各种自然要素构成的自然系统，具有资源与环境的双重属性，因而生态环境资源是有价值的。在"艺术城市"评价指标体系设计中要树立新的生态资源环境价值观，综合考虑资源价值、生态成本、环境损失和生态补充等方面的因素。

3. 循环经济理论

生态产业是生态文明的物质基础，其具体实现形式是循环经济。所谓循环经济是指在生产、流通和消费等过程中进行的减量化、再利用、资源化活动的总称，具有减量化（Reduce）、再利用（Reuse）和再循环（Recycle）三个原则。"循环经济"模式亦称"生态经济模式"，是一种仿自然生态系统设计的物质生产过程，即在生产过程中实行生态工艺，是一种资源充分利用的、无废弃物或只产生极少量无害废弃物的循环生产过程。循环经济还有的一个重要环节就是产品作为消费品或投资品在完成使用周期后的回收再利用或清洁化处理。

"艺术城市"建设就是要在注重经济效益的同时强调生态效益，用循环经济取代线性经济，建立生态效益型经济发展模式，实现经济效益和生态效益的统一。

4. 协同发展理论

20世纪80年代以来，人们认识到工业革命带来的各种环境问题后，开始寻求能保护生态环境的新型农业，但随之又转向了另一个极端——忽视经济发展，片面追求回归自然。经过多年的实践，人们进一步认识到不能以牺牲生态环境为代价追求经济发展，但是也不能不顾经济发展片面追求生态效益。协同发展理论正是这种思想的集中体现。

协同发展理论的中心是社会、经济、环境三大系统协调发展，强调发展的优先地位，认为发展必须以环境保护为重要内容，以实现资源、环境的承载力与社会经济发展相协调。"艺术城市"建设也应强调生态持续、经济持续和社会持续的统一，既能维持生态系统的动态平衡，又能维持社会经济系统的动态平衡。

二、"艺术城市"评价指标体系构建原则

1. 科学性与操作性相结合原则

指标体系首先要建立在科学的基础上，力求数据来源准确、处理方法科学，具体指标既能反映出当前艺术城市建设目标的实现程度，又具有纵向对比

的可行性。其次指标选择还要注意可测量性、可得性和整体的系统性。评价指标并非越多越好，要少而精，尽量选择代表性强、覆盖面广的综合指标和主要指标，避免指标的重叠和简单罗列。

2. 定性与定量相结合原则

艺术城市指标体系的衡量指标要以量化为主，但对于一些在目前难以量化且意义重大的指标，可以进行定性描述。

3. 特色与共性相结合原则

尽可能借鉴国内外普遍使用的综合指标，又要结合本地实际，因地制宜；既要立足于当地的区域特色，充分挖掘地方环境资源优势，又要注重构建具有现代都市色彩的人工环境和艺术建筑群。

4. 可达性与前瞻性相结合原则

艺术城市建设是一种全局性、前瞻性、导向性很强的系统工程，它既是目标更是过程，因此指标体系应基于时间序列，既要考虑设定的指标在近期能够实现，又要考虑社会经济的发展进步，使统计指标具有一定的预见性和超前性。

第二节 "艺术城市"评价指标体系的建立

为"艺术城市"特色县量身定制全套完整指标体系，涉及生态环境健康、社会和谐进步、经济蓬勃高效、艺术特色鲜明4个方面指标，指标基本达到甚至超过先进国家水平，将其作为创建"艺术城市"总体规划编制的依据，明确创建工作的目标和方向。这一指标体系将是指导"艺术城市"建设的中国首个指标体系。

一、"艺术城市"评价指标的筛选

通过调研参考国内外相关研究成果，诸如可持续发展指标体系、生态示范区考核指标体系、国际旅游城市指标体系、宜居城市指标体系等一系列指标体系，综合可持续发展理论、生态资源价值理论、循环经济理论和协同发展理论等，根据"艺术城市"内涵，我们提出"艺术城市"评价指标体系。"艺术城市"评价指标体系涉及生态环境、社会和谐进步、经济发展、艺术特色4个方面，其中前三方面的指标属于控制性指标，艺术特色方面的指标属于引导性指标。

第一，生态环境指标。主要从环境质量、生态建设和环境保护等方面反映自然环境和人工环境状况，包括空气质量达到二级标准的天数（API）、SO_2和NO_x达到一级标准的天数、达到《环境空气质量标准》（GB3095-1996）的天数、地表水环境质量、水喉水达标率、噪声达标率、自然保护区占辖区面积比重、森林覆盖率、旅游区环境达标率、绿色建筑比例、本地植物指数、城市绿化率、人均公共绿地面积、工业固废无害化处理率、工业废水无害化处理率、工业废气无害化处理率以及城市生活垃圾无害化处理率。

第二，经济发展指标。主要从经济增长、产业结构、资源消耗和循环经济等方面反映城市经济水平和可持续发展状况，包括人均GDP、人均财政收入、城镇居民恩格尔系数、第三产业增加值占GDP比例、旅游产业增加值占GDP比重、旅游外汇收入占旅游产业增加值比重、环保投资占GDP比重、R&D投资占GDP比例、万元GDP能耗、单位GDP碳排放强度、可再生能源使用率、污水循环利用率、工业固体废弃物综合利用率。

第三，社会发展指标。主要从人口分布、社会保障、社会安全、教育科技投入等方面反映城市人口结构、基础设施和社会保障状况，包括人均预期寿命、大专以上文化程度人口比例、人均道路面积、全市广播电视制作、传播包括有线电视实现数字化的程度、互联网光缆到户率、社区卫生服务机构覆盖率、每万人平均病床数、失业率、每万人刑事立案率以及社会保险覆盖率。

第四，艺术特色指标。主要从历史遗存、民间艺术、文化艺术、城市规划和旅游承载等方面反映城市地方文化特征和旅游可承载状况，具体可以从以下几方面进行描述，包括国家级、省级非物质文化遗产数量，国家级、省级物质文化遗产数量，森林公园数量，民间艺术之乡和民间艺术特色之乡的数量，博物馆、图书馆、纪念馆、艺术馆和文化馆数量，艺术馆和文化馆举办活动场次，举办国际会展场次，人均拥有优秀历史保护建筑和国家级、省级非物质文化遗产数量，人均拥有民间艺术之乡和民间艺术特色之乡的数量，人均拥有博物馆、纪念馆、艺术馆和文化馆的数量，艺术馆和文化馆举办活动场次，举办国际文化艺术类主要节庆和博览会场次，艺术化建筑数量（包括雕塑、艺术特色建筑等），住宿设施日可接待人数，三星级以上酒店或类似设施占星级酒店或类似设施比重，餐饮设施日可接待人数，三星级以上饭店占星级饭店比重和交通线路日可载人数。

二、"艺术城市"评价指标体系

根据"艺术城市"内涵，艺术城市不单是生态环境的典范，更是在经济和社会发展支撑下将自然资源、历史文化和艺术特色相融合的现代城市。结合构建和承载"艺术城市"的生态、社会、经济和文化艺术环境，"艺术城市"评价指标体系涉及生态环境、社会和谐进步、经济发展、艺术特色 4 个方面，各个方面所包含的二级指标和三级指标如表 3-1、表 3-2 所示。

表 3-1 "艺术城市"评价指标体系 I

	二级指标层	三级指标层	单位
生态环境健康	自然环境	空气质量达到二级标准的天数（API）	天数
		SO_2 和 NO_x 达到一级标准的天数	天数
		地表水环境质量	—
		水喉水达标率	%
		噪声达标率	%
		自然保护区占辖区面积比重	%
		森林覆盖率	%
		旅游区环境达标率	%
	人工环境	绿色建筑比例	%
		本地植物指数	—
		建成区绿地率	%
		人均公共绿地面积	平方米/人
		工业固废无害化处理率	%
		工业废水无害化处理率	%
		工业废气无害化处理率	%
		城市生活垃圾无害化处理率	%

续表

二级指标层	三级指标层	单位
经济水平	人均 GDP	美元/人
	人均财政收入	万元/人
	城镇居民恩格尔系数	%
	第三产业增加值占 GDP 比例	%
	旅游产业增加值占 GDP 比重	%
	旅游外汇收入占旅游产业增加值比重	%
可持续发展	环保投资占 GDP 比重	%
	R&D 投资占 GDP 比例	%
	万元 GDP 能耗	吨标准煤/万元
	单位 GDP 碳排放强度	吨-C/百万美元
	可再生能源使用率	%
	污水循环利用率	%
	工业固体废弃物综合利用率	%
人口结构	人均预期寿命	岁
	大专以上文化程度人口比例	%
基础设施	人均道路面积	平方米/人
	全市广播电视制作、传播包括有线电视实现数字化的程度	%
	互联网光缆到户率	%
	社区卫生服务机构覆盖率	%
	每万人平均病床数	张/万人
社会保障	失业率	%
	每万人刑事立案率	件/万人
	社会保险覆盖率	%

左侧跨行：经济蓬勃高效（对应经济水平、可持续发展）；社会和谐进步（对应人口结构、基础设施、社会保障）

表 3-2 "艺术城市"评价指标体系 II

	二级指标层	三级指标层	指标描述
艺术特色鲜明	地方文化特征	保护民族文化遗产和风景名胜资源	国家级、省级非物质文化遗产数量
			国家级、省级物质文化遗产数量
			森林公园数量
		传承文化突出特色	民间艺术之乡和民间艺术特色之乡的数量
			博物馆、图书馆、纪念馆、艺术馆和文化馆数量
			艺术馆和文化馆举办活动场次
			举办国际会展场次
			举办国际文化艺术类主要节庆和博览会场次
		城市规划和建筑设计延续历史，体现特色	艺术化建筑数量（包括雕塑、艺术特色建筑等）
	旅游承载力	住宿设施可承载	住宿设施日可接待人数
			三星级以上酒店或类似设施占星级酒店或类似设施比重
		餐饮设施可承载	餐饮设施日可接待人数
			三星级以上饭店占星级饭店比重
		交通可承载	交通线路日可载人数

第三节 "艺术城市"评价指标体系期望值确定

一、指标期望值

根据"艺术城市"内涵及其理论设想，参照国内外城市相关指标的最佳状态值，我们确定的"艺术城市"评价指标体系各指标的期望值如表 3-3、

表3-4所示。

表3-3 "艺术城市"评价指标体系期望值 I

	二级指标层	三级指标层	单位	期望值
生态环境健康	自然环境	空气质量达到二级标准的天数（API）	天	≥330 天/年
		SO₂ 和 NOₓ 达到一级标准的天数	天	≥165 天/年
		地表水环境质量	—	达到《地表水环境质量标准》（GB3838-2002）现行标准 IV 类水体水质要求
		水喉水达标率	%	100
		噪声达标率	%	100
		自然保护区占辖区面积比重	%	≥17
		森林覆盖率	%	≥15
		旅游区环境达标率	%	100
	人工环境	绿色建筑比例	%	100
		本地植物指数	—	≥0.8
		建成区绿地率	%	≥38
		人均公共绿地面积	平方米/人	≥16
		工业固废无害化处理率	%	100
		工业废水无害化处理率	%	100
		工业废气无害化处理率	%	100
		城市生活垃圾无害化处理率	%	100

续表

二级指标层	三级指标层	单位	期望值
	人均GDP	美元/人	≥8000
	人均财政收入	万元/人	≥0.5
	城镇居民恩格尔系数	%	≤40
经济水平	第三产业增加值占GDP比例	%	≥45
	旅游产业增加值占GDP比重	%	≥10
	旅游外汇收入占旅游产业增加值比重	%	≥25
	环保投资占GDP比重	%	≥2.5
	R&D投资占GDP比例	%	≥2.5
	万元GDP能耗	吨标准煤/万元	≤0.5
可持续发展	单位GDP碳排放强度	吨C/百万美元	≤150
	可再生能源使用率	%	≥20
	污水循环利用率	%	≥80
	工业固体废弃物综合利用率	%	≥80
人口结构	人均预期寿命	岁	≥78
	大专以上文化程度人口比例	%	≥12

（最左侧列：经济蓬勃高效 跨越多行；社会和谐进步 对应人口结构）

续表

	二级指标层	三级指标层	单位	期望值
社会和谐进步	基础设施	人均道路面积	平方米/人	≥28
		全市广播电视制作、传播包括有线电视实现数字化的程度	％	100
		互联网光缆到户率	％	100
		社区卫生服务机构覆盖率	％	100
		每万人平均病床数	张/万人	≥90
	社会保障	失业率	％	≤1.2
		每万人刑事立案率	件/万人	≤20
		社会保险覆盖率	％	100

表 3-4　"艺术城市"评价指标体系期望值 II

	二级指标层	三级指标层	指标描述	期望值
艺术特色鲜明	地方文化特征	保护民族文化遗产和风景名胜资源	国家级、省级非物质文化遗产数量	依据各城市特色特点具体制定
			国家级、省级物质文化遗产数量	
			森林公园数量	
		传承文化突出特色	民间艺术之乡和民间艺术特色之乡的数量	
			博物馆、图书馆、纪念馆、艺术馆和文化馆数量	
			艺术馆和文化馆举办活动场次	
			举办国际会展场次	
			举办国际文化艺术类主要节庆和博览会场次	
		城市规划和建筑设计延续历史，体现特色	艺术化建筑数量（包括雕塑、艺术特色建筑等）	

续表

二级指标层	三级指标层	指标描述	期望值
旅游承载力	住宿设施可承载	住宿设施日可接待人数	
		三星级以上酒店或类似设施占星级酒店或类似设施比重	
	餐饮设施可承载	餐饮设施日可接待人数	
		三星级以上饭店占星级饭店比重	
	交通可承载	交通线路日可载人数	

二、指标解读与确定

1. 生态环境指标

空气质量达到二级标准的天数（API）以及 SO_2 和 NO_x 达到一级标准的天数是参照《环境空气质量标准》（GB3095-1996）设立的指标。"艺术城市"应采取优化能源结构，大力推广清洁能源；倡导绿色出行，减少汽车尾气污染；科学合理绿化，净化空气等一系列措施促进城市区域内这两项指标的实现。城市空气环境质量受区域大环境影响较大，要达到指标要求，需要加强与周边地区的合作，共同控制大气环境污染，实现城市空气环境质量的持续改善。

地表水环境质量是依据《地表水环境质量标准》（GB3838-2002）现行标准Ⅳ类水体水质要求设立的指标。水生态环境的保护与修复是"艺术城市"生态环境建设的重要内容，保护并改善城区内地表水环境，并通过污水处理、中水回用、雨水收集与湿地修复等措施构建水生态与水循环体系，这不仅是"艺术城市"生态建设的最大特色与成果之一，也会对改善全国生态环境起到重要示范作用。

水喉水达标率指满足国家《生活饮用水卫生标准》（GB5749-2006）和世界卫生组织的《饮用水水质标准》现行标准的水质达标率。《生活饮用水卫生标准》规定了生活饮用水水质卫生要求、生活饮用水水源水质卫生要求、集中式供水单位卫生要求、二次供水卫生要求、涉及生活饮用水卫生安全产品卫生要求、水质监测和水质检验方法。"艺术城市"水喉水达标率的理想状态是达到100％。

噪声达标率为环境噪声达标区面积占建成区总面积的比例，是根据《城市区域环境噪声标准》（GB3096-1993）对工业噪声、交通噪声、施工噪声、社会生活噪声所进行的规定。"艺术城市"噪声达标率的理想状态是达到100％。

自然保护区占辖区面积比重指标反映了自然保护区面积占辖区总面积的比例。比较国内城市的指标值状况，"艺术城市"自然保护区占辖区面积比重应大于17％。

森林覆盖率是指辖区内森林面积占土地面积的百分比，反映辖区森林面积占有情况或森林资源丰富程度及实现绿化程度。"艺术城市"应保护森林，提高森林保有量。借鉴国内城市森林覆盖状况提出"艺术城市"森林覆盖率应大于15％。

旅游区环境达标率由资源环境安全指数、心理环境健康指数和环境质量达标指数三项组成。资源环境安全指数指不破坏国家和地方重点保护的珍稀濒危动植物资源，不存在资源环境安全隐患的生态旅游活动，满足上两项要求时为合格。心理健康指数指游人心理可以承受的游客容量。一般以每10米游道容纳2名游客为限值，满足者为合格。环境质量达标指数指水、气、噪声、固废排放的达标情况，全部达标者为合格。"艺术城市"旅游区环境达标率的理想状态是100％。

绿色建筑比例是指区内绿色建筑占建筑物总数的比例（临时建筑除外）。其中绿色建筑指在其全寿命周期内，最大限度节约和利用再生能源、资源，保护环境、减少污染，提供健康、舒适、高效的空间，并与自然和谐共存的建筑。"艺术城市"绿色建筑比例的理想状态是达到100％。

本地植物指数指区内全部植物物种中本地物种所占比例，该指标的设定旨在提倡乡土植物的应用和推广。在满足园林绿化综合功能的基础上，本着适地适树的原则，以乡土树种为主，适当引入和选用适宜的外来树种，合理搭配，形成具有本地特色的城市植物群落。"艺术城市"的本地植物指数应不小于0.8。

建成区绿地率指城市各类绿地总面积占城市面积的比率，这里的城市各类绿地包括公共绿地、居住区绿地、单位附属绿地、防护绿地、生产绿地、风景林地等六类。"艺术城市"建成区绿地率应不少于38％。

人均公共绿地面积指城市公共绿地面积的人均占有量，其中公共绿地包括公共人工绿地、天然绿地，以及机关、企事业单位绿地。《国务院关于加强城市建设的通知》中要求：到2005年，全国城市规划人均公共绿地面积达到8平方米以上；到2010年，人均公共绿地面积达到10平方米以上。"艺术城市"人均公共绿地面积应达到16平方米以上。

工业固废（废水、废气）无害化处理率是指无害化处理的工业固废（废水、废气）占总处理量的比率。工业固废（废水、废气）可能会具有腐蚀性、毒性、易燃性、反应性或者感染性等危险，目前相关标准采用 GB-18599-2001《一般工业固体废弃物储存、处置场污染控制标准》，该指标的设定旨在构筑安全、宜居的人居环境。"艺术城市"应对工业固废（废水、废气）的无害化处理率达到100％。

城市生活垃圾无害化处理率是指城市生活垃圾无害化处理量占垃圾产生总量的比例。生活垃圾是指在日常生活中或为日常生活提供服务的活动中产生的固体废物，以及法律、法规规定属于生活垃圾的固体废物。目前相关标准采用 GB-18485-2001《生活垃圾焚烧污染控制标准》、GB-16889-1997《生活垃圾填埋污染控制标准》。"艺术城市"城市生活垃圾无害化处理率的理想状态是达到100％。

2. 经济发展指标

人均GDP是指每人所创造的国内生产总值（GDP）。借鉴2012年国内城市人均GDP现状值，并根据灌阳县经济发展现状，"艺术城市"人均GDP应大于8000美元/人。

人均财政收入是指财政收入的人均值。借鉴国内城市人均财政收入的最高值，"艺术城市"人均财政收入应大于5000元/人。

城镇居民恩格尔系数是指城镇居民的食品消费支出占家庭总收入的比例。比例越高表明收入越低，生活越贫困。联合国粮农组织判定，恩格尔系数

60％以上为贫困，50％~60％为温饱，40％~50％为小康，40％以下为富裕。"艺术城市"的居民恩格尔系数应低于40％。

第三产业增加值占 GDP 比例指第三产业的产值占国内生产总值的比例。"艺术城市"增加值中第三产业应占较大比重，这里规定应达到45％。

旅游产业增加值占 GDP 比重指旅游产业增加值占国内生产总值的比例。"艺术城市"应大力发展旅游业，尤其是国际旅游业，因而旅游产业增加值占 GDP 比重不应低于 10％，其中旅游外汇收入占旅游产业增加值比重应大于25％。

环保投资占 GDP 比重指环境污染防治、生态环境保护和建设投资占当年国内生产总值的比例。保护环境是推进生态文明建设的根本措施，因而该指标是国际上衡量环境保护问题的重要指标。"艺术城市"用于环保投资的 GDP 比重不应低于 2.5％。

R&D 投资占 GDP 比例指研发投入占当年国内生产总值的比例。研发投入可以提高"艺术城市"劳动力素质和创新能力，对构建科技创新、经济蓬勃的新型城市具有重大意义。"艺术城市"用于研发投入的 GDP 比重不应低于 2.5％。

万元 GDP 能耗指万元国内生产总值的耗能量，用标准煤表示。"艺术城市"应追求单位能耗的高产出，这里规定其万元 GDP 能耗值应不高于 0.5 吨标准煤/万元。

单位 GDP 碳排放强度指单位 GDP 经济活动所导致的二氧化碳排放量折算成碳的数值。该指标反映了经济增长过程中的碳排放强度，揭示经济增长对高能耗产业的依存程度。"艺术城市"的能源结构、产业结构、绿色交通出行方式、环保建材的使用等均有利于本指标的实现，与国内常规城市相比，"艺术城市"单位 GDP 碳排放强度应低于 150 吨-C/百万美元。

可再生能源使用率指可再生能源在能源供应结构中的比重。可再生能源是指在自然界中可以不断再生、永续利用、取之不尽、用之不竭的资源，对环境无害或危害很小，而且资源分布广泛，适宜就地开发利用，主要包括太阳能、风能、生物质能、地热能和海洋能等。"艺术城市"应充分考虑资源的稀缺性，积极使用可再生能源，年可再生能源使用率不小于20％。

污水循环利用率指对处理后工业废水和生活污水的重复利用量在污水总量

中所占的比重。污水循环利用就是一种循环经济行为，其作用在于可以减少废水外排污染环境、节省大量处理费用、节约用水、回收废水中有用物质等。"艺术城市"应践行循环经济理念，根据国际标准力争使污水循环利用率高于80％。

工业固体废物综合利用率是指工业固体废物处置利用量占工业固体废物总量的比例。目前相关标准采用 GB-18599-2001《一般工业固体废弃物储存、处置场污染控制标准》、GB-18485-2001《生活垃圾焚烧污染控制标准》、GB-16889-1997《生活垃圾填埋污染控制标准》。"艺术城市"工业固体废物处置利用率应超过80％。

3. 社会发展指标

人均预期寿命是指假若当前的分年龄死亡率保持不变，同一时期出生的人预期能继续生存的平均年数。平均预期寿命是一个假定的指标，但可以反映出一个社会生活质量的高低。"艺术城市"的生活质量较高，依据国际城市人均预期寿命对比，"艺术城市"的人均预期寿命应高于78岁。

大专以上文化程度人口比例指具有大学（指大专及以上）文化程度的人口占总人口比例，可以衡量区域内人口的文化素质。"艺术城市"会集中具有较高文化素质的人口和劳动力，因而规定其大专以上文化程度人口比例应大于12％。

人均道路面积指的是城市中每一居民平均占有的道路面积，这里的道路面积指城市（县城）路面面积和与道路相通的广场、桥梁、隧道、人行道面积。人行道面积按道路两侧面积相加计算，包括步行街和广场，不含人车混行的道路。参照国际现代化城市人均道路面积现状，并为未来发展预留空间，"艺术城市"的人均道路面积不应低于28平方米。

广播电视制作、传播包括有线电视数字化以及互联网光缆到户程度是衡量城市基础设施改善和信息化发展程度的重要标志。"艺术城市"应积极改善基础设施，提高信息化水平，实现广播电视制作、传播数字化以及互联网在全市范围内的普及。

社区卫生服务机构覆盖率衡量了"艺术城市"满足居民卫生服务需求的能力，按照国家发展目标，各城市社区卫生服务机构覆盖率应达到100％，因而规定"艺术城市"的社区卫生服务机构覆盖率也不应低于100％。

每万人平均病床数是衡量城市卫生条件的硬指标，按照该指标在国内城市的先进水平规定"艺术城市"每万人平均病床数不低于90张/万人。

失业率是指失业人口占劳动人口的比率（一定时期全部就业人口中有工作意愿而仍未有工作的劳动力数字），旨在衡量闲置中的劳动产能。依据国际大城市最好年份失业率水平，"艺术城市"的失业率应低于1.2％。

每万人刑事立案率指年刑事立案数与总人口（万人）之比，能体现城市的社会治安状况。"艺术城市"每万人刑事立案率应低于20件/万人。

社会保险覆盖率是衡量城市社会保障水平的核心指标，包括养老保险、失业保险、医疗保险、工伤保险、生育保险等在全市范围内的覆盖状况。"艺术城市"应当具有较高的社会保障水平，因而社会保险覆盖率应达到100％的理想状态。

第四章 桂林市灌阳县"艺术城市"开发背景与现状分析

第一节 开发背景

一、自然背景

1. 地理区位

灌阳县位于广西壮族自治区东北缘，地处北纬 250°10′32″至 250° 45′ 37″，东经 110°43′16″至 111°20′13″之间，像一片向西弯曲的桂花树叶，镶嵌在海洋山脉和都庞岭山脉之间，地势南高北低。如图 4-1 所示。灌阳县境东北至西南最长距 90 公里，东南至西北最宽距 38.6 公里，河道众多，灌江自南向北贯穿全县。灌阳县总面积 1837 平方公里，占广西壮族自治区总面积的 0.78％。灌阳东与湖南省江永县、道县交界，南、西、北与本自治区恭城、灵川、兴安、全州等县接壤。灌阳是桂林市辖县，位于桂林东部，距桂林市区 159 公里，距首府南宁 627 公里。

灌阳自古素有"八山一耕地，半水半村庄"之说，是桂北农业强县之一。山地丘陵地貌分布明显，山地多耕地少、自然资源丰富是灌阳县的特色，也是灌阳县全面打造"艺术城市"的资源基础。

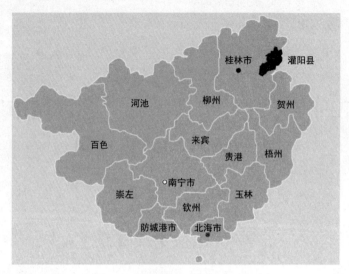

图4-1　灌阳县地理区位示意图

2. 气候条件

灌阳县属于中亚热带季风气候，雨量充沛，物产丰富。年平均气温17.9℃，最高气温39℃，最低气温-5.8℃，年平均降雨量1540.7毫米。

3. 资源条件

(1) 矿产资源

矿产资源蕴藏量大，现已探明具有工业开发价值的矿产资源有：钨、锑、大理石、花岗岩、陶土、白云石、矿泉水等30余种。其中大理石、花岗岩品种多、分布广，储量达11亿立方米。

(2) 水资源

灌阳全县有大小河流47条，主要河流灌江，全长176.63公里，其中县内长144.23公里，由南向北贯穿全县。灌阳水质优良，矿泉水资源丰富，日开发量可达600吨以上，以对人体有医疗保健作用的"氡水"著称。灌阳县水利资源也很丰富，水能蕴藏量达18.6万千瓦，开发潜力大。

(3) 物产资源

灌阳县四季温暖，土地肥沃，物产丰富，当地特产有灌阳油茶、灌阳黄油姜苦茶、灌阳盐菜汤、灌阳红薯酒、灌阳禾花乌鲤鱼、灌阳长枣、国家地理标志农产品灌阳雪梨、葛根系列产品、红薯系列产品、灌阳县雪萝卜系列产品、灌阳县纯天然矿泉水产品、"中华名果"灌阳黑宝石李、灌阳橙、大红石榴、灌阳脐橙、大理石工艺品等。灌阳是有名的中国绿色生态雪梨之乡、中国绿色生态黑李之乡、中国南方红豆杉之乡、广西超级稻高产第一县。

二、人文背景

灌阳县地属长江水系，紧邻长江中游平原，历史悠久，建县时间较早，吸纳融合了中原文化和湘楚文化。在西汉文帝十二年（公元前168年）已建县，称观阳县；隋大业十三年（公元617年）改称灌阳县，并开始建立县学，为广西创办县学最早的县。灌阳是瑶族发祥地、桂剧发源地，瑶族、桂剧文化敦厚绵长，农耕文化、茶食文化原始质朴，红军三过灌阳留下了浓厚的红色文化。根据2010年第六次全国人口普查统计数据显示，灌阳县总人口为28.03万人，其中常住人口为23.36万人。

1. 经济背景

自2000年以来，灌阳县的国民生产总值一直呈现稳步增长态势，GDP总量从2000年的9.2亿元增长到2010年的40.12亿元，如图4-2所示，年均增长率为16.58％，尤其是全县实施"工业强县"战略以来，有效推动了县域经济发展。但是，由图4-3可见，灌阳县的三大产业比重还存在较大问题，第一产业与第三产业在整个县域经济中所占的比重偏小，产业结构明显不合理，全县经济增长主要靠第二产业拉动，第二产业压力过大，保持持续快速发展的基础脆弱。未来灌阳要保持经济持续增长势头，必须重视第三产业的发展，大力扶持文化产业，发挥其产业联动效应，为建设"艺术城市"奠定产业基础。

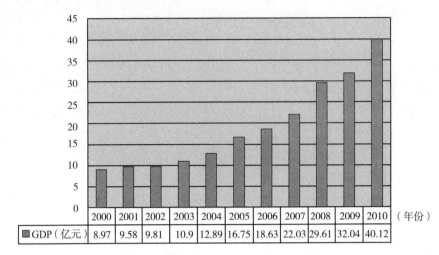

| GDP（亿元）| 8.97 | 9.58 | 9.81 | 10.9 | 12.89 | 16.75 | 18.63 | 22.03 | 29.61 | 32.04 | 40.12 |

图4-2　灌阳县 2000～2010 年 GDP 统计

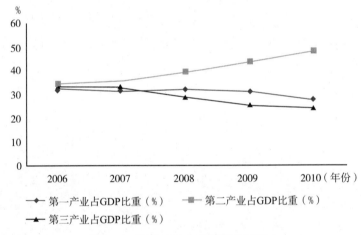

—◆—第一产业占GDP比重（%）　　—■—第二产业占GDP比重（%）
—▲—第三产业占GDP比重（%）

图4-3　灌阳县三大产业比重变化图

2. 政策背景

广西壮族自治区是我国少数民族人口最多的自治区，也是革命老区和边疆地区。广西是我国与东盟山水相连的省区，同时又拥有连接国内"东、中、西"的特殊地理位置，支持广西加快发展使之由经济"洼地"变成"高地"，具有重大战略意义。为此，国务院于 2009 年 12 月发布了《国务院关于进一步促进广西经济社会发展的若干意见》（以下简称《意见》），充分体现了党中央、国务院对广西壮族自治区发展的重视、关心和支持。《意见》的发布实施，对推动广西在新的历史起点上实现新的跨越，具有重要的里程碑意义，是指导当前和今后一个时期内广西发展的行动纲领。该《意见》确定了广西壮族自治区到 2020 年科学发展的四大战略任务，即"打造区域性现代商贸物流基地、先进制造业基地、特色农业基地和信息交流中心；构筑国际区域经济合作新高地；培育我国沿海经济发展新的增长极；建设富裕文明和谐的民族地区"。

目前，广西从区域经济战略发展出发，在原有经济发展格局的基础上，确立了构建优势互补、特色鲜明的五大经济区域发展新格局，已形成五大特色经济区，分别是：包括南宁、北海、钦州、防城港四市的桂南沿海经济区；包括柳州市和柳州地区的桂中经济区；包括桂林市及市辖 12 县的桂北经济区；包括梧州市、玉林市、贵港市和贺州地区的桂东经济区；包括南宁、百色和河池三个地区的桂西经济区。这五大经济区发展特色鲜明，重点优势突出。桂南沿海经济区以港口经济、海洋产业、现代农业和高新技术产业为重点，突出发展海洋渔业、南亚热带水果、仓储和花卉出口等产业；桂中经济区以工业为重点，着重发展汽车制造业，稳定发展有色金属和水泥工业，运用高新技术改造机械制造、制糖、日化三大传统产业，大力培育以钢制品为重点的高新技术产业；桂东经济区以现代农业、乡镇企业和外向型经济为重点，将建成发挥"承东启西"作用，接受粤、港、澳经济辐射和产业转移的前沿；桂西经济区以种养业和矿业为重点，着重发展铝、锡、铟、锰等为重点的有色金属工业和水电能源以及南亚热带"绿色食品"和糖业等产业；而由桂林市及其市辖 12 县构成的桂北经济区则以旅游、农林和高新技术为重点，目标是建成旅游经济高度发达的现代化经济区，将桂林市打造成为一流的中国和世界旅游名城。由此可见，以旅游业为主的文化创意产业将是未来桂北经济区的支柱产业和龙头产业。

灌阳县位于桂林市东部，是广西桂北经济区的重要组成部分，灌阳打造"艺术城市"特色县在全国尚属首例，在这样的宏观政策背景下进行规划和实施，有利于克服国际金融危机影响，突出区域特色，培育经济发展新的增长极，实现民族地区和谐与稳定。在当前国内外经济环境发生深刻变化的新形势下，灌阳建设"艺术城市"对于提升桂北经济区的综合竞争力，乃至促进整个广西社会经济的发展都具有重要的现实意义。

3. 主要旅游景区、景点

灌阳县的旅游特点集"山青、水秀、洞奇、石美"于一身，拥有一批资源禀赋较高的自然景观和人文景观，如国家 AAAA 级千家洞黑岩风景区、千家洞国家级自然保护区、文市石林、月岭古民居、唐景崧故居等，但是多数旅游景点的知名度和资源禀赋存在错位关系，缺乏强有力的旅游品牌和精品项目。旅游景区可借灌阳打造"艺术城市"为契机，进行全面开发和资源整合。

（1）国家 AAAA 级千家洞黑岩风景区

景区位于灌阳县城北面7.5公里的苏东村，主要由黑岩、瑶寨别墅度假公寓两大部分组成，黑岩又称"神宫""龙宫"，为一神奇、罕见、特大的溶洞，洞深在25公里以上，一条常年四个流量、河水清澈见底的地下河贯穿全洞，堪称"世界第一水洞"。洞内空气清新，四季恒温18℃，可乘舟游览。瑶寨别墅度假公寓可容纳600名游客同时入住，提供休闲度假、会议接待、餐饮住宿、水上娱乐、露天游泳等服务。

（2）"千家洞"保护区

"千家洞"保护区位于灌阳县城东南18公里，总面积125平方公里，属国家级自然保护区，保护区内有丰富的动植物资源。属国家重点保护的二级珍贵植物有福建柏，三级保护的有长苞铁杉、南方铁杉等；属国家二级保护的珍稀野生动物有小灵猫、猕猴、穿山甲、锦鸡、水鹿、大鲵等。

（3）文市石林

自治区级地质公园文市石林位于灌阳县城北部30公里处，省道302线（桂林至零陵）贯穿而过。灌阳文市石林是由典型的喀斯特熔岩侵蚀而成，占地5平方公里，奇石罗列，形态各异，具有双层结构，剑状峰顶，峻峭无比，造型奇特等特点。"飞马横空""八仙飘海""雄鹰展翅""仙人牧鹿"等景点栩栩如生，它是可以与云南路南石林相媲美而又更为典型的剑状岩溶地貌。

（4）月岭古民居

月岭古民居位于灌阳县城北面30公里的文市镇月岭村。古民居始建于明末清初，属典型的汀南式民居，是目前广西区内保存较为完整的古民宅群落。

月岭古民居三面环山，周围主要景点有自治区级文物保护单位"孝义可风"石牌坊，有县级文物保护单位"催官塔""百岁亭"，还有"将军庙""古石寨""唐孔林墓""步月亭"和"文昌阁"等古建筑和"步月仙桥""步月岩""白驹岩""沙江晚渡""古井旋螺""上井石泉""双发井"等自然景观。

根据国家旅游局 2003 年发布的《中华人民共和国国际标准（GB/T 18972-2003）旅游资源分类、调查与评价》，可对灌阳县的旅游资源进行详细统计和等级分类，详见表 4-1。

表 4-1　灌阳县旅游资源类型列表

主类	亚类	基本类型
A 地文景观	AA 综合自然旅游地	AAA 山丘型旅游地 AAB 谷地型旅游地 AAC 沙砾石地型旅游地 AAD 滩地型旅游地 AAE 奇异自然现象 AAF 自然标志地 AAG 垂直自然地带
	AB 沉积与构造	ABA 断层景观 ABB 褶曲景观 ABC 节理景观 ABD 地层剖面 ABE 钙华与泉华 ABF 矿点矿脉与矿石积聚地 ABG 生物化石点
	AC 地质地貌过程形迹	ACA 凸峰 ACB 独峰 ACC 峰丛 ACD 石（土）林 ACE 奇特与象形山石 ACF 岩壁与岩缝 ACG 峡谷段落 ACH 沟壑地 ACK 堆石洞 ACL 岩石洞与岩穴 ACM 沙丘地 ACN 岸滩
	AD 自然变动遗迹	ADA 重力堆积体 ADB 泥石流堆积 ADD 陷落地
B 水域风光	BA 河段	BAA 观光游憩河段 BAB 暗河段 BAC 古河道段落
	BB 天然湖泊与池沼	BBA 观光游憩湖区 BBC 潭池
	BC 瀑布	BCA 悬瀑 BCB 跌水
	BD 泉	BDA 冷泉

主类	亚类	基本类型
C 生物景观	CA 树木	CAA 林地 CAB 丛树 CAC 独树
	CB 草原与草地	CBA 草地 CBB 疏林草地
	CC 花卉地	CCA 草场花卉地 CCB 林间花卉地
	CD 野生动物栖息地	CDA 水生动物栖息地 CDB 陆地动物栖息地 CDC 鸟类栖息地
D 天象与气候景观	DA 光现象	DAA 日月星辰观察地
	DB 天气与气候现象	DBA 云雾多发区 DBB 避暑气候地 DBC 避寒气候地 DBD 极端与特殊气候显示地 DBE 物候景观
E 遗址遗迹	EA 史前人类活动场所	EAA 人类活动遗址 EAB 文化层 EAC 文物散落地 EAD 原始聚落
	EB 社会经济文化活动遗址遗迹	EBA 历史事件发生地 EBB 军事遗址与古战场 EBC 废弃寺庙 EBD 废弃生产地 EBE 交通遗迹 EBF 废城与聚落遗迹
F 建筑与设施	FA 综合人文旅游地	FAA 教学科研实验场所 FAB 康体游乐休闲度假地 FAC 宗教与祭祀活动场所 FAD 园林游憩区域 FAE 文化活动场所 FAF 建设工程与生产地 FAG 社会与商贸活动场所 FAH 动物与植物展示地 FAK 景物观赏点
	FB 单体活动场馆	FBA 聚会接待厅堂（室）FBB 祭拜场馆 FBC 展示演示场馆 FBD 体育健身馆场 FBE 歌舞游乐场馆
	FC 景观建筑与附属型建筑	FCA 佛塔 FCB 塔形建筑物 FCC 楼阁）FCI 广场 FCJ 人工洞穴 FCK 建筑小品
	FD 居住地与社区	FDA 传统与乡土建筑 FDB 特色街巷 FDC 特色社区 FDD 名人故居与历史纪念建筑 FDF 会馆 FDG 特色店铺 FDH 特色市场
	FE 归葬地	FEA 陵区陵园 FEB 墓（群）
	FF 交通建筑	FFA 桥 FFB 车站 FFE 栈道
	FG 水工建筑	FGA 水库观光游憩区段 FGB 水井 FGC 运河与渠道段落 FGD 堤坝段落 FGE 灌区 FGF 提水设施

续表

主类	亚类	基本类型
G 旅游商品	GA 地方旅游商品	GAA 菜品饮食 GAB 农林畜产品与制品 GAC 水产品与制品 GAD 中草药材及制品 GAE 传统手工产品与工艺品 GAF 日用工业品 GAG 其他物品
H 人文活动	HA 人事记录	HAA 人物 HAB 事件
	HB 艺术	HBA 文艺团体 HBB 文学艺术作品
	HC 民间习俗	HCA 地方风俗与民间礼仪 HCB 民间节庆 HCC 民间演艺 HCD 民间健身活动与赛事 HCE 宗教活动 HCF 庙会与民间集会 HCG 饮食习俗 HGH 特色服饰
	HD 现代节庆	HDA 旅游节 HDB 文化节 HDC 商贸农事节 HDD 体育节

第二节　现状分析

一、问题诊断

1. 旅游资源开发层次低，基本处于"探索期"和"参与期"

根据 Butler 提出的 S 型旅游地生命周期演化模型，认为旅游地生命周期一般经历探索阶段、参与阶段、发展阶段、巩固阶段、停滞阶段、衰落阶段或复苏阶段，如图 4-4 所示，每个阶段均有其标志性特征，见表 4-2。根据这一理论对灌阳县的旅游资源进行分析，可以发现千家洞、黑岩、月岭古民居、文市石林等景区地方特色显著，处于"参与期"阶段，已经具备基础的公共基础设施和旅游服务设施，客源市场初步成型，景区在旅游住宿、餐饮等方面形成初步接待能力。但是像关帝庙、红军纪念亭等一批宗教旅游资源和红色旅游资源等绝大多数旅游景区、景点尚处于"探索期"阶段，公共基础设施和旅游服务设施不完善，旅游资源特色有待进一步挖掘。

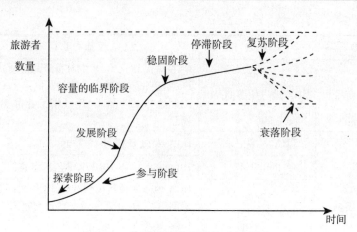

图4-4　旅游地生命周期理论模型图

表4-2　旅游地生命周期的不同特征表现

阶段	特征
探索阶段	●少量的探险者偶然地光顾，没有公共设施 ●到访者被旅游地的自然特色所吸引
参与阶段	●当地居民提供旅游基本设施 ●确定的客源市场开始出现 ●开始有了旅游季节，广告也开始出现
发展阶段	●旅游设施得到发展，促销力度得到加大 ●外地对旅游业的控制加大 ●旺季的旅游人数远远超过了当地人口数量，致使当地人对旅游者产生敌对情绪
巩固阶段	●旅游业成为当地经济的主要组成部分 ●成熟的客源市场已经形成 ●本地一些陈旧老化的旅游设施已降为次等设施 ●当地作出努力来延长旅游季节
停滞阶段	●旅游者数量及旅游容量达到顶峰 ●旅游地形象已定型并广为人知，但不再时兴 ●旅游设施的供应逐渐减少，其转手率较高

续表

阶段	特征
衰落阶段或复苏阶段	●旅游者被吸引至新的旅游地 ●旅游设施逐渐被非旅游设施所取代 ●旅游地变成了旅游贫民区或是完全没有了旅游活动 ●采用适当的措施，如重新定位旅游吸引物，改善环境等，则可能出现不同程度的复兴

2. 景观联动性差

灌阳县的旅游资源点较为丰富，资源丰度较高，但是受到地形环境等因素影响，各个旅游景点地域分布比较分散。例如，千家洞景区与文市石林、月岭古民居之间就隔了将近一个小时的车程，给旅游者的旅游活动造成很大不便，同时也对旅游线路开发带来一定难度。如何进行合理的旅游线路设计布局，提高景区之间的景观联动性，也是"艺术城市"规划的重要内容之一。

3. 旅游服务设施亟待改善

从旅游交通情况来看，灌阳对外公路交通主干线主要有：S201 线全沙公路（全州—灌阳—平乐沙子）、S302 线（湖南省界—灌阳文市—全州两河）皆为二级公路；县级公路主要有四条：长渡—水车—文市公路、黄关镇—西山瑶族乡公路、洞井瑶族乡—灵川大境瑶族乡、灌阳镇胡家—黄关镇顺溪；乡道主要有灌阳镇仁柜—大屋。同时灌阳至桂林有直通班车，灌阳至兴安、恭城、全州、灵川均有定时班车，虽然能基本满足当前的旅游需求，但是从长远来看，随着灌阳旅游的深度开发，现有的交通体系尚需不断完善，尤其是高速公路以及灌阳县内通往各旅游景区的公路等基础设施需要不断增加。

从旅游住宿接待情况来看，目前灌阳县内具备对外接待能力且能提供 50 张床位以上的宾馆、饭店主要有穗丰大厦、灌阳宾馆、康鸿宾馆、武装部招待所等 8 家宾馆，详见表 4-3，全县可提供的旅游住宿床位数不到 600 张，缺乏组织接待和服务能力强的五星级酒店，缺乏游客接待中心等基础设施，旅游接待能力亟待提升，旅游六大要素：吃、住、行、游、购、娱，尚未形成体系。

表4-3 灌阳县主要宾馆接待能力

序号	单位名称	从业人员（人）	投资（万元）	床位数（张）
1	灌阳宾馆	40	2000	227
2	穗丰大酒店	14	300	75
3	联宇大酒店	20	300	90
4	武装部招待所	8	230	43
5	鸿运大酒店	12	320	56
6	假日宾馆	32	500	67
7	龙江宾馆	8	180	43
8	康鸿宾馆	14	140	45

4. 产业基础薄弱，尚未形成区域市场吸引力

近几年在桂林市政府和灌阳县政府的大力支持下，灌阳的旅游产业发展已经取得一定成效，旅游经济收入和旅游接待人数逐年上升，如图4-5、图4-6所示。全县旅游总体规划和部分景点的旅游详细规划已经开始着手实施，灌阳千家峒景区被评定为桂林市18个4A级景区之一。2010年，灌阳共接待游客15.1万人次，实现旅游总收入3824万元，比上年增长21.5%，但是同旅游发达城市相比还存在较大差距，产业基础薄弱，尚未形成区域市场吸引力。在新一轮的旅游开发中，外地游客以及国际游客市场将是未来灌阳旅游开发的主要客源地。

图4-5 2005～2010年灌阳旅游总收入变化

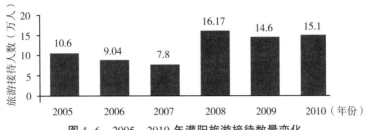

图4-6 2005～2010年灌阳旅游接待数量变化

二、机遇与挑战

灌阳县拥有丰富的旅游、矿产和特色农业等资源，借助广西桂北经济区参与国际国内区域合作的有利区位条件，灌阳的"艺术城市"建设既面临开发的难得机遇，又面临一系列严峻挑战，机遇与挑战并存，如图4-7所示。

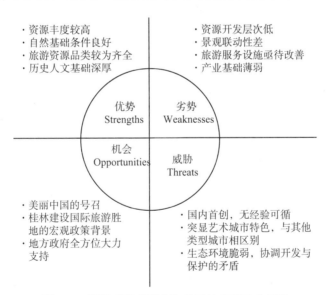

图4-7 灌阳"艺术城市"发展的SWOT分析图

（一）发展机遇

1. 生态文明、美丽中国建设的时代潮流

"美丽中国"是首次出现在十八大报告中的新名词，十八大报告首次专

章论述生态文明，首次提出"推进绿色发展、循环发展、低碳发展"和"建设美丽中国"。十八大报告指出必须把生态文明建设放在突出位置，融入经济建设、政治建设、文化建设、社会建设各方面和全过程，实现中华民族永续发展。灌阳当地丰富的自然和人文资源，以及原生态的自然环境为"艺术城市"特色县的建设提供了良好的环境基础，顺应当前"美丽中国"建设主旨。

2. 桂林建设国际旅游胜地的宏观政策机遇

2012 年 11 月 28 日，经国务院同意，国家发改委正式批复《桂林国际旅游胜地建设发展规划纲要》（以下简称《纲要》），这是中国第一个旅游专项发展规划，标志着桂林国际旅游胜地建设正式上升为国家战略。《纲要》对桂林国际旅游胜地建设的空间布局、生态文明建设、旅游业发展、支撑条件、保障措施等方面提出了一系列要求和具体措施，确定要实施一批重大项目，加快研究推进城市区划调整，并从财税、投融资、对外开放、土地和规划、生态与环境保护、行政管理体制等方面有针对性地给予桂林政策倾斜。而目前灌阳县艺术城市建设项目获批广西壮族自治区重大旅游项目，灌阳迎来发展史上千载难逢的重大历史机遇，也是当前和今后灌阳对外宣传和招商引资工作的"金字招牌"。

3. 地方政府给予全方位支持

近年来，灌阳当地政府把开发旅游作为灌阳经济社会发展的重大战略之一。在"十一五"期间，全县累计完成全社会固定资产投资 103.7 亿元，是"十五"时期的 4.73 倍。2010 年，灌阳深入开展"项目建设年"活动，实现了一大批重大项目开竣工，全县新建、续建千万元以上项目 85 个，其中亿元以上项目 3 个，完成投资 18.9 亿元。加快交通、能源、水利等基础设施建设，总投资 14.9 亿元的灌阳至凤凰高速公路正式开工，220 千伏送变电工程稳步推进，水车水库除险加固主体工程顺利通过验收，签约了海洋山风电场建设、灌阳县旅游开发等一批重大项目，江东新区开发完成投资 1 亿元以上，城乡风貌焕然一新。不断提升灌阳旅游的整体实力和综合竞争力，增强了灌阳旅游的对外吸引力和辐射力。

（二）面临挑战

灌阳的"艺术城市"发展之路同样面临着一系列挑战和难题：

第一，"艺术城市"在国内学术领域和实践领域尚属首创，打造"艺术城市"在国内并无前例可循，也无经验可借鉴，建设难度较大。

第二，当前在十八大"美丽中国"建设的号召下，全国各地都在进行"生态城市"、"文化城市"等相关城市景观打造，因此，在灌阳"艺术城市"开发和建设中突显"艺术城市"的特色将是决定开发成败的关键所在。

第三，开发与保护是城市建设中永恒的一对矛盾体，在"艺术城市"建设过程中如何做到"开发与保护并重"是摆在灌阳面前的一大难题。因此，开发中应重视生态保护，鼓励绿色经济、绿色发展，保护脆弱的生态环境免受破坏。

第五章 灌阳县 "艺术城市" 建设评价结果与建议

第一节 灌阳县 "艺术城市" 建设评价结果与目标

表 5-1 灌阳县 "艺术城市" 建设评价结果与目标 I

二级指标层		三级指标层	单位	期望值	2012年现状值	2020年目标值	2025年目标值	2030年目标值
生态环境健康	自然环境	空气质量达到二级标准的天数（API）	天	≥330 天/年	未统计	≥330	≥330	≥330
		SO_2 和 NO_x 达到一级标准的天数	天	≥165 天/年	未统计	≥165	≥165	≥165
		地表水环境质量	—	达到《地表水环境质量标准》（GB3838 – 2002）现行标准 IV 类水体水质要求	达到 II 类水体水质	达到 I 类水体水质	达到 I 类水体水质	达到 I 类水体水质
		水喉水达标率	%	100	100	100	100	100
		噪声达标率	%	100	100	100	100	100
		自然保护区占辖区面积比重	%	≥17	10.2	≥15	≥17	≥17

二级指标层	三级指标层	单位	期望值	2012年现状值	2020年目标值	2025年目标值	2030年目标值
	森林覆盖率	%	≥15	73.99	≥15	≥15	≥15
	旅游区环境达标率	%	100	未统计	≥90	100	100
人工环境	绿色建筑比例	%	100	未统计	≥90	100	100
	本地植物指数	—	≥0.8	未统计	≥0.8	≥0.8	≥0.8
	建成区绿地率	%	≥38	未统计	≥38	≥38	≥38
	人均公共绿地面积	平方米/人	≥16	未统计	≥16	≥16	≥16
	工业固废无害化处理率	%	100	92.8	100	100	100
	工业废水无害化处理率	%	100	未统计	100	100	100
	工业废气无害化处理率	%	100	未统计	100	100	100
	城市生活垃圾无害化处理率	%	100	未统计	100	100	100
经济蓬勃高效 经济水平	人均GDP	美元/人	≥8000	3641.64	≥5000	≥8000	≥8000
	人均财政收入	万元/人	≥0.5	0.149	≥0.3	≥0.5	≥0.5
	城镇居民恩格尔系数	%	≤40	47	≤40	≤40	≤40
	第三产业增加值占GDP比例	%	≥45	23.6	≥40	≥45	≥45
	旅游产业增加值占GDP比重	%	≥10	4.2	≥6	≥10	≥10
	旅游外汇收入占旅游产业增加值比重	%	≥25	0.29	≥5	≥15	≥25

续表

二级指标层	三级指标层	单位	期望值	2012年现状值	2020年目标值	2025年目标值	2030年目标值
可持续发展	环保投资占 GDP 比重	%	≥2.5	1.7	≥2.5	≥2.5	≥2.5
	R&D 投资占 GDP 比例	%	≥2.5	未统计	≥2.5	≥2.5	≥2.5
	万元 GDP 能耗	吨标准煤/万元	≤0.5	1.05	≤0.8	≤0.5	≤0.5
	单位 GDP 碳排放强度	吨 C/百万美元	≤150	未统计	≤120	≤150	≤150
	可再生能源使用率	%	≥20	未统计	≥15	≥20	≥20
	污水循环利用率	%	≥80	未统计	≥60	≥80	≥80
	工业固体废弃物综合利用率	%	≥80	未统计	≥60	≥80	≥80
社会和谐进步 — 人口结构	人均预期寿命	岁	≥78	78.7	≥78	≥78	≥78
	大专以上文化程度人口比例	%	≥12	未统计	≥12	≥12	≥12
基础设施	人均道路面积	平方米/人	≥28	未统计	≥20	≥28	≥28
	全市广播电视制作、传播包括有线电视实现数字化的程度	%	100	未统计	100	100	100
	互联网光缆到户率	%	100	未统计	100	100	100
	社区卫生服务机构覆盖率	%	100	0	≥50	100	100
	每万人平均病床数	张/万人	≥90	24	≥50	≥90	≥90
社会保障	失业率	%	≤1.2	未统计	≤1.2	≤1.2	≤1.2
	每万人刑事立案率	件/万人	≤20	18.8	≤20	≤20	≤20
	社会保险覆盖率	%	100	未统计	≥80	100	100

表5-2 灌阳县"艺术城市"建设评价结果与目标Ⅱ

一级指标层	二级指标层	三级指标层	指标描述	2012年现状值	2020年目标值	2025年目标值	2030年目标值
艺术特色鲜明	地方文化特征	保护民族文化遗产和风景名胜资源	国家级、省级非物质文化遗产数量	0	2	5	5~10
			国家级、省级物质文化遗产数量	11	15	15~20	15~20
			森林公园数量	0	3	5~10	5~10
		传承文化，突出特色	民间艺术之乡和民间艺术特色之乡的数量	2项正在申报	4	6~8	6~8
			博物馆、图书馆、纪念馆、艺术馆和文化馆数量	3	10	10~20	20~30
			艺术馆和文化馆举办活动场次	30	50~80	100	150~200
			举办国际会展场次	0	20~30	30~50	30~50
			举办国际文化艺术类主要节庆和博览会场次	0	4	6~10	10~20
		城市规划和建筑设计延续历史，体现特色	艺术化建筑数量（包括雕塑、艺术特色建筑等）	0	50~100	100~200	200~300
	旅游承载力	住宿设施可承载	住宿设施日可接待人数	1894	5000	5000~8000	8000~10000
			三星级以上酒店或类似设施占星级酒店或类似设施比重	0	100%	100%	100%
		餐饮设施可承载	餐饮设施日可接待人数	1万	3万	3万~5万	3万~5万
			三星级以上饭店占星级饭店比重	0	100%	100%	100%
		交通可承载	交通线路日可载人数	未统计	3万~5万	8万~10万	8万~10万

从灌阳县当前经济、社会、艺术等各项指标发展现状来看，构建"艺术

城市"的主要问题在于以下几个方面：

（1）统计工作尚需规范。"艺术城市"实现程度需要借助评价指标体系予以衡量，但是灌阳县未对"艺术城市"评价指标体系的部分指标做过相应统计，因而无法对相关指标的实现程度作出估量。

（2）人工环境有待进一步改善。灌阳县拥有丰富的自然资源，自然环境基本达到"艺术城市"要求，但是绿色建筑比例、本地植物指数、建成区绿地率、人均公共绿地以及"三废"处理情况等人工环境需要进一步改善。

（3）经济水平和可持续发展现状落后。"艺术城市"应该具有较高的经济发展水平，可持续发展理念更应走在全国前列，灌阳县应抓住"艺术城市"构建契机大力发展经济，并在县内加大可持续发展投入和实施效果。

（4）应加强基础设施建设，扩大社会保障范围。灌阳县现有的基础设施状况和社会保障覆盖范围均水平较低，这不利于"艺术城市"的发展和与外界的交流。

（5）艺术特色凸显不充分。灌阳县不仅拥有丰富的自然资源，同时还拥有深厚的历史文化底蕴，但是这些特色未充分得到国家和世界的认可，所以发挥地方优势、凸显艺术特色是成功构建"艺术城市"，让世界了解灌阳的最佳选择。

第二节　灌阳县"艺术城市"建设可行性建议

鉴于灌阳县经济、社会、文化、艺术等各方面的发展现状，在与国内外各类文化艺术特色城市相对比的基础上，课题组对灌阳县的"艺术城市"建设提出以下几点建议：

一、发展定位——国际化

随着经济全球化的不断推进，当前各种不同规模等级的城市的功能也愈来愈趋向国际化，可以说，城市的国际化功能是当前城市发展的一大趋势。所谓城市的国际化功能，就是要使该城市的发展，主要是经济发展，大部分或全部参与到世界经济的循环过程，使该城市功能在世界范围内发挥作用。

在当前的经济全球化趋势下，城市国际化已成为衡量一个城市国际影响力和竞争力的重要标志，国际化城市被看成是一个城市发展的高级形式，不少国家或地区均将城市的国际化或全球化作为其全球化发展的目标和重点内容。

近几年，国内的一些中心城市纷纷提出建设国际化城市的目标，很多城市均由政府组织编制了建设国际化城市咨询研究报告，如广西首府南宁市的《南宁市区域性国际城市建设规划研究》于 2009 年 9 月通过专家评审，报告提出"2025 年至 2030 年间要把南宁建成区域性国际城市"。以灌阳目前的经济发展水平而言，国际化也许只是一个长远期宏观目标，但是发展国际化职能却是打造"艺术城市"特色县的现实追求。

目前灌阳的经济社会发展水平与国际化都市相比尚存在较大差距，但是凭借自身丰富的自然旅游资源和文化旅游资源，依托桂林市建设"国际旅游胜地"的重大机遇，牢牢把握"艺术城市"创建的历史契机，在自治区各级政府的政策支持下，灌阳县未来的国际化发展之路大有可为。

我国当前正处于第二轮建设国际化城市的浪潮中，未来灌阳的发展定位必须将自身置身于全球化的宏观背景下，发挥区位优势和资源优势，制定符合灌阳现实需求的国际化发展战略，不断加快国际化步伐，提升城市管理水平，尽快融入世界城市的网络体系之中，才能有效汇聚国内乃至国外的资金、技术、人才、市场等种种经济要素，实现各种经济要素的最佳组合，使得灌阳站在更高的平台上参与全球竞争，分享经济、社会和科技发展的最新成果。

值得注意的是，国际化是一个过程，是与国际其他城市或者地区之间往来不断加深的过程。因此课题组在构建"艺术城市"评价指标的过程中，也是参照国际先进城市发展指标来确立相关指标的期望值，为灌阳艺术城市的国际化建设预留一定的发展空间。

二、发展战略——生态化

在当前灌阳县城发展的五大发展战略中，"生态立县"被放在了第一位，而灌阳县"艺术城市"的发展战略也应当以"生态化"建设放在首位。所谓"生态化"发展，就是要维护城市生态系统动态平衡，增强城市可持续发展的生态承载能力，就是既满足当代人生存、生活和发展的需求，又不至于对子孙后代满足其发展需求的能力与平台构成威胁或危害的发展。

迄今为止，灌阳建县已有 2150 多年，该县拥有得天独厚的自然资源，如千家洞国家级自然保护区、海洋山自治区级自然保护区等，拥有文市石林地质公园，全县森林覆盖率达到 74.81％，空气、水质保持优良，土壤洁净，生态环境优势突出。同时，灌阳还是"全国南方红豆杉之乡""雪梨之乡""黑李之乡""大红薯之乡""黑白大理石之都"，石英砂储量达 10 亿立方米以上，富含氡、硒有益微量元素的矿泉水日开发量可达 600 吨，物产资源较为富饶，因此，打好生态牌，对于灌阳县域全面发展具有重要意义。经过不懈努力，灌阳已经是广西首批绿色文明示范县之一，并且于 2012 年列入国家生态文明示范工程试点县、广西重点生态功能区。

灌阳优良的绿色生态环境为建设"艺术城市"奠定了良好基础，将生态农业、特色产业与生态光旅游相结合，实现灌阳产业结构调整的转型升级，将有效带动全县产业均衡快速发展。在"十八大"精神指导下，灌阳县委县政府结合灌阳的历史人文资源、生态环境资源、区域性特色资源，正在实践十八大提出的"生态文明建设"这一涉及生活方式根本性变革的浩大工程。"田种稻、薯、菇，坡种药、果、茶，山种竹、松、杉"，在灌阳这个桂北县城里，生态产业方兴未艾，灌阳正沿着"生态优先，快速崛起，富民强县"的发展主线大步迈进。

未来的灌阳将成为中国首个"艺术城市概念"样板县：将建成绿色园林生态的"瑶族发祥地"文化与国际艺术相结合的、具有现代服务功能的、以自然环境为依托、以人为本、以瑶族文化和生态农业为核心、以艺术为内核的"亚洲艺术中心"；成为城乡一体化，快速推进城镇化、国际化进程的示范城镇；真正成为与东盟博览会相互促进、互为影响的，亚洲地区最权威的、大型的艺术会展与创意工业会展活动中心；成为国际高端的文化创意产业聚集区和艺术品集散购藏中心。以此，迅速提升桂林市和灌阳县的文化品位和国际影响力，使之成为"世界一流的旅游目的地""全国生态文明建设示范县""全国旅游创新发展先行县"，区域性（亚洲地区）艺术旅游中心和国际交流的重要平台。具体战略步骤如图 5-1 所示：2013 年至 2017 年五年期间，实施"艺术城市"特色县建设总体规划和县旅游基础设施建设战役,"艺术城市"特色县建设战役,"生态旅游、绿色农业、生态文明示范县"建设战役,"三大战役"彻底改观灌阳县面貌,初步形成"艺术城市"特色县。

图5-1　灌阳县艺术城市建设战略步骤

在"艺术城市"建设过程中,灌阳县要坚持社会经济与环境并重,开发与保护并重,利用与节约并重,科学利用自然生态资源,维护灌阳当地"自然——经济——社会"符合生态系统的动态平衡。通过建设"艺术城市",逐步实现灌阳县经济、社会与环境的协同发展,"既要金山银山,又要绿水青山","既要小康,又要健康",既要保护环境,又要培育环境,既要遵循市场经济规律,又要遵循自然发展规律。

三、发展核心——民族化

在当前国际化大潮中,正确处理好城市国际化与城市的地域化、民族性之间的关系,具有重要的战略意义。对于"艺术城市"来说,如何凸显艺术城市的独特个性和典型性是艺术城市建设中需要紧紧围绕的一个核心问题。毫无疑问,主题文化是形成"艺术城市"唯一性的文化形象和品牌概念。构建"艺术城市"主题文化的目的和战略意义,就是塑造"艺术城市"主题文化内核、铸造主题精神气质、张扬主题经济态势、彰显主题建筑风格,以此形成"艺术城市"历史文化、民族精神、社会经济、城市形象的高度统一和完美结合,形成"艺术城市"独一无二的形象和品牌,并拥有核心竞争力。可以说,民族化与艺术化的结合程度,将直接影响到灌阳艺术城市建设项目的成败。

灌阳县有20多个少数民族,以瑶族、壮族为主,灌阳及其周边地区是我国瑶族居民的重要集居区，仅灌阳一个县的瑶族人口就将近 2 万人，占全县总人口的 7％。灌阳作为"瑶族发祥地"具有不可替代的历史文化地位，千家洞景区经"中国灌阳都庞岭千家洞研讨会"确认，为瑶族发祥地，并从地名、县志记载、反映民族特色和地方文化的出土文物、族谱碑文、宗教祭祀和民俗等方面都得到了考证。因此，在艺术城市发展过程中应紧紧围绕这一主题文化做文章：

①灌阳县要依托世界瑶族发祥地的优势，突出抓好计划投资 50 亿元、占地 2800 亩的"瑶乡小镇"文化旅游开发项目建设，创建全国首个瑶族国际化生态旅游休闲产业区，打造一座漂浮在水上的世界瑶寨，率先完成其中的云水瑶商业街建设，明后两年计划投入 10 亿元资金，集中开工建设创吉尼斯世界纪录的十里瑶族吊脚楼长廊、盘王头像以及盘王殿、瑶族博物馆、四星级酒店等局部项目，建成"瑶乡小镇"的核心景区，力争 2014 年底投入运营。

②同时，灌阳县需争创全国休闲农业与乡村旅游示范县，加快小龙区级特色旅游名村和苏东休闲旅游新村建设步伐，尽快启动米珠山星级农家乐项目。

③尽快完成千家洞旅游基础设施项目建设，开辟千家洞徒步探险路线，带动太子山等森林生态旅游基地建设。

④逐步完成文市石林区级地质公园申报、晋级，陆续启动月岭古民居、唐景崧故居、红色旅游区建设。

⑤办好"二月八"农具节、"六月六"雪梨黑李节、红薯节等"千家洞"系列节庆旅游活动。

总之，灌阳县应基于自身的资源和历史文化条件，深度挖掘区域民族文化特色，弘扬"山水文化"，挖掘和梳理瑶族村寨"依山而建，缘水而聚"蕴含的生态居住文化，继承和创新瑶医瑶药、饮食习俗蕴藏的生态保健养生文化，打造瑶族文化艺术精品项目，塑造瑶族文化旅游品牌。同时，灌阳应注意与周边城市联合开发，营造瑶族地区旅游经济发展的大环境，在区域经济合作中，确立灌阳在瑶族地区旅游经济的主导地位。在弘扬"民族化"发展过程中，紧密结合"生态文明"理念，加快文化旅游产业的发展步伐，探索出一条适合灌阳地域特点的发展之路。

四、发展目标——"艺术+宜居"

以"艺术城市"的理论来进行城市建设，最终目的是要让城市变得更加美好、更加宜居，实现以人为本、"人与自然和谐共生"、发展经济与保护生态并重。而宜居城市建设是城市发展到后工业化阶段的产物，是宜居性比较强的城市，是具有良好的居住和空间环境、人文社会环境、生态与自然环境和清洁高效的生产环境的居住地。可以说，艺术城市的发展目标和宜居城市在一定程度上存在相通之处，艺术城市就是要借助人文艺术等元素作为城市载体，来实现人口、资源与环境的和谐发展的最终目标。

以"艺术+宜居"这一发展目标作为指导，灌阳县应以有利于推进自然、社会、经济、生态环境等基本条件和优势为依据，高起点、高标准地建设适合灌阳县特点、体现城乡一体化发展趋势，符合桂北城市圈发展要求，并与周边大都市经济发展与生态建设相接轨的生态宜居型文化艺术城市，创造自然与人文、历史与现代相融合的人居环境和经济发展环境。具体应做到：

①以生态为依托、以宜居为目标，突出打造瑶族文化产业城，完善县城"一带四区"的城建格局，建设一江两岸生态景观带，打造江东生态现代新城区，改造老城商贸居住区，加快发展城北休闲旅游区，拓展城南现代工业区。

②全面实施绿化、亮化、美化、净化工程，完善雨污管网，构建沿江、沿路绿色景观走廊，完善森林公园以及"四区"当中的生态水系和绿地系统建设。

③加快建设改造特色小城镇，完善污水垃圾处理设施，着力构建瑶族特色、桂北风情、田园风光、建筑景观交相辉映的乡镇集镇带。

④扎实推进新农村建设，健全城乡清洁工程长效机制，持续掀起农田水利、农村公路、生态文明村屯"三大建设"热潮，深入开展沼气建设、改厨、改厕、改水"一建三改"。

⑤"坚持旅游业适度超前发展"的方针，把发展旅游业与农村文明村镇、文明城镇建设结合起来；与农田水利基础设施、交通通讯、电力等网络

型产业发展结合起来；与第三产业发展结合起来，营造有利于旅游发展的事业环境。

建设生态宜居型"艺术城市"是一项巨大的系统工程，必须着眼长远，立足当前，常抓不懈，持之以恒。灌阳县要以科学发展观为指导，依托良好的自然生态基础，以"改善城市环境"和"方便居民生活"为重点，用三年时间，通过实施"艺术城市"一系列建设项目，创建一个更加生态、更加文明、更加宜居、更加和谐的新灌阳。

后　记

为抢抓桂林建设国际旅游胜地的重大历史机遇，探索和创新以文化旅游产业带动新型城镇化建设和城乡一体化发展的模式，有效推进"艺术城市"特色县的创建，中共灌阳县委、县人民政府决定制定《灌阳县创建"艺术城市"特色县指标体系》，为桂林市灌阳县总体规划的制定提供依据，并为灌阳县下一步发展提供目标和方向。为此，灌阳县人民政府委托北京印刷学院承担此项课题，并由"艺术城市"理论创建者刘彤副教授主持，组建了由资深策划人、国内著名高校和科研机构的专家、教授构成的科研团队。

科研团队于 2013 年 2 月赴灌阳县进行实地考察、座谈交流，收集资料，在此期间，灌阳县委、县政府、县人大、县政协四套班子领导给予了大力支持。此后，科研团队在北京多次组织专家咨询，广泛听取各方意见，并再赴灌阳，与有关专家、相关部门领导、各委办局、各乡（镇）深入研讨相关问题。经过近半年的努力，完成了《桂林市灌阳县创建"艺术城市"特色县指标体系研究报告征求意见稿》（以下简称《研究报告》）。灌阳县委、县政府就《研究报告》广泛征求有关专家、相关部门领导、各委办局、各乡（镇）的意见。各方领导、专家本着对灌阳创建"艺术城市"特色县高度负责的态度，提出了很多建设性的意见。中国人民大学统计学院教授、中国人民大学国民经济核算研究所所长高敏雪女士对指标体系的构建给予了专业的指导。科研团队认真研究并充分吸纳反馈意见，在《研究报告》的基础上反复推敲，最终形成本书。

本研究成果是中国首个指导"艺术城市"建设的指标体系。本书也是"艺术城市"概念理论与实践系列出版物的第一部。这里，要向所有关心、支持、帮助本研究工作的领导、专家和同志们表示衷心的感谢！也希望本研究成果能为指导桂林市灌阳县创建"艺术城市"特色县提供有益的帮助，为推动我国新型城镇化建设，探索我国城镇化由速度扩张向质量提升转型新模式尽绵薄之力。

刘　彤　蒋骏雄　付海燕　王　蕾

2014 年 4 月 30 日

主要参考资料

［1］刘彤，蒋骏雄．"艺术城市"助力建设美丽家园［N］．人民日报，2013-3-20．

［2］刘彤，蒋骏雄．艺术让城市更美好——浅谈"艺术城市"概念［J］．中国文化产业评论，2011（9）．

［3］刘彤．美国城市规划与建设对"艺术城市"课题研究的启示［J］．彼岸—北京印刷学院教师考察培训团访美纪实，北京艺术与科学电子出版社，2011（5）．

［4］沈荔芳，陆桂弟．整合区域资源优势创建"艺术城市"特色县［N］．人民日报，2013-3-20（13）．

［5］陆剑，韦强．打造"艺术城市"特色小镇探索旅游地产发展新模式［N］．人民日报，2013-3-20（13）．

［6］沈荔芳，陆桂弟．创建"艺术城市"特色县 让灌阳人民生活更美好［N］．桂林日报，2013-4-3（6）．

［7］戴立然．关于城市文化与文化城市的辩证思考——21世纪城市文化发展战略研究［J］．奋斗，2001（12）．

［8］简·雅各布斯．美国大城市的死与生［M］．南京：译林出版社，2006．

［9］王文章．中国非物质文化遗产保护论坛论文集［M］．文化艺术出版社，2006．

［10］金元浦．北京：走向世界城市［M］．北京：北京科学技术出版社，2010．

［11］杰布·布鲁格曼．城变：城市如何改变世界［M］．北京：中国人民大学出版社，2011．

［12］查尔斯·兰德利．创意城市：如何打造都市创意生活圈［M］．北京：清华大学出版社，2009．

［13］王国华，张京成．北京文化创意产业发展报告（2012版）/创意城市蓝皮书［M］．北京：社会科学文献出版社，2012．

［14］艾伦·J·斯科特．城市文化经济学［M］．北京：中国人民大学出版社，2010．

［15］付宝华．城市主题文化与世界名城崛起［M］．北京：中国经济出版社，2007．

[16] 彭立勋. 文化科技结合与创意城市建设（2010 年深圳文化蓝皮书）［M］. 北京：中国社会科学出版社，2010.

[17] 理查德·瑞吉斯特. 生态城市：重建与自然平衡的城市（修订版）［M］. 北京：社会科学文献出版社，2010.

[18] 李景源，孙伟平，刘举科. 生态城市绿皮书：中国生态城市建设发展报告［M］. 北京：社会科学文献出版社，2012.

[19] 孙伟平，刘举科. 2013 中国生态城市建设发展报告［M］. 北京：社会科学文献出版社，2013.

[20] 李贤毅. 智慧城市开启未来生活：科学规划与建设［M］. 北京：人民邮电出版社，2012.

[21] 沈健，唐建荣等. 智慧城市：城市品质新思维［M］. 北京：人民邮电出版社，2012.

[22] 刘易斯·芒福德. 城市文化［M］. 北京：中国建筑工业出版社，2009.

[23] 鲍世行. 钱学森论山水城市［M］. 北京：中国建筑工业出版社，2010.

[24] 詹卫华. 理性与诗意的碰撞：中国山水城市论坛文集［M］. 北京：中国环境出版社，2013.

[25] 屠启宇. 国际城市发展报告 2012［M］. 北京：社会科学文献出版社，2012 年.

[26] 但新球，但维宇. 森林城市建设：理论、方法与关键技术［M］. 北京：中国林业出版社，2011.

[27] 北京市发展和改革委员会. 北京·城市森林发展创新［M］. 北京：中国建筑工业出版社，2013.

附录 1

《人民日报》2013 年 3 月 20 日 "中国区域经济发展论坛"

新闻背景

2001 年诺贝尔经济学奖得主斯蒂格利茨认为，中国的城镇化与美国的高科技并列为影响 21 世纪人类发展进程的两大关键因素，21 世纪对于中国有三大挑战，居首位的是城镇化。

党的十八大报告强调要"推动城乡发展一体化"，"坚持走中国特色新型工业化、信息化、城镇化、农业现代化道路"。在这一精神的指导下，目前，中国新一轮的城镇化建设已经展开。

以往，在我国的城市规划体系中，土地功能和经济功能被作为主要内容，城市特色文化建设在规划中的地位被忽视。这导致城市空间规划偏重功能设计，严重缺失对城市主题文化的设定，城市空间形态没有建立在城市主题文化基础上。目前，随着我国社会经济体制的转型和城乡一体化步伐的加快，以单一"土地使用功能"和"基础设施建设"为主的传统城市规划做法，无疑已不适应城镇化发展的需要。

新型城镇化是一个促进经济社会更加协调发展的过程，更是一个城乡各方面利益关系大调整的过程。目前来看，各地政府在具体实施的过程中，依然存在盲目追求铺大摊子、延续以往城镇化问题的可能和风险。在新型城镇化进程中，如何避免重蹈覆辙？如何解决由于传统城市规划模式僵化所导致的目标趋同、功能重复、产业同质、形象单一，特别是"千城一面"的特色危机等一系列问题？城镇特色文化建设被提高到战略高度，城镇特色化已成为新型城镇化进程中亟须解决的首要问题。

"艺术城市"概念从广义上讲，是以一个国家与民族的历史文化为依据，规划一座城市的建设，包括在旧城改造中保留历史文化、历史风貌，同时重塑城市功能。"艺术城市"是依照"以人为本"的原则，遵循文化艺术规律、经济规律而建立起来的，具有历史性、民族性、地域性、唯一性的城市设计和公共艺术，是具有可持续发展的文化内涵的人类聚居环境。

"艺术城市" 助力建设美丽家园

刘 彤 蒋骏雄

在经济全球化的今天，每个城市都以它不同的文化特色，形成自身的亮点和影响力。文化特色越强，城市影响力就越大，社会经济发展就越快。在当前中国新型城镇化进程中，大量的旧城改造（尤其是县级城市改造），一定要以"艺术城市"的理念进行规划。创建"艺术城市"要结合生态旅游、文化旅游，挖掘当地未挖掘的历史和传统文化，形成地域性特色城市；要站在全球旅游、特色旅游角度进行城市规划；要从"影响力、标记性、艺术性、公共性"四个方面评价城市雕塑与公共艺术建设；要将构建"艺术城市"与区域经济、文化产业发展相结合。

以"艺术城市"概念为指导，充分利用我国丰富的历史文化、人文文化遗存，进行城市规划建设，将会让城市形象更加鲜明、更加美好，将会产生一大批经得起历史考验的，又极具个性风格的艺术城市、文化城镇，必将使我们的民族文化升华，同时，也会给我们各个城市带来规模化的文化产业经济效益。

以"艺术城市"概念指导城市规划建设，是对我国城镇化由速度扩张向质量提升转型新模式的有益探讨。如何打造"艺术城市"特色县（市、镇）？首先，必须明确使命、价值和愿景；其次，制定出特色县（市、镇）主题文化发展战略；然后，将其分解为系统的、可执行的目标和方略；最终实现打造"艺术城市"特色县（市、镇）的宏伟目标。

主题文化是形成"艺术城市"唯一性的文化形象和品牌概念。构建"艺术城市"主题文化的目的和战略意义，就是塑造"艺术城市"主题文化内核、锻造主题精神气质、张扬主题经济态势、彰显主题建筑风格，以此形成"艺术城市"历史文化、民族精神、社会经济、城市形象的高度统一和完美结合，形成"艺术城市"独一无二的形象和品牌，并拥有核心竞争力。

以广西灌阳县为例，创建"艺术城市"特色县，首先必须构建灌阳县的主题文化，这样才能使灌阳的形象和品牌鲜明地突显出来，才能影响世界，形成热点，形成注意力，形成品牌形象和标志性符号。以灌阳县主题文化彰显灌阳县的特质，从而形成灌阳的特质资源，以此，在全球一体化的竞争中进行角色的全新定位，在差异化的竞争中获得独有的主题文化优势，在竞争中立于不败之地。

灌阳创建"艺术城市"特色县，就是一切以人为本，引领发展潮流，从根本上超越城市的局限性，创建未来的城市。未来的特色灌阳，概括起来就是"山水画、田园诗、生活曲、梦幻情"，是集"山水城市、园林城市、生态城市、森林城市、文化城市、创意城市、数字城市、度假城市、情感城市、友好城市、立体城市、幸福城市"大成的特色城市。依据灌阳实际情况，我们量身策划设计了以下路径：

首先，依据科学性与操作性、前瞻性与可达性、定性与定量、共性与特性相结合的原则，制定全套完整的"艺术城市"特色县指标体系。指标体系涉及生态环境健康、社会和谐进步、经济蓬勃高效、区域协调融合四个方面，包括控制性指标和引导性指标，指标基本达到甚至超过先进国家水平。指标体系将为总体规划的制定提供依据，并为下一步发展提供目标和方向。

其次，以"瑶族发祥地"文化结合"艺术城市"概念，形成灌阳主题文化，构建灌阳美丽家园。依据《桂林国际旅游胜地建设发展规划纲要》制订《灌阳县建设"艺术城市"特色县实施方案》，明确目标：生态立县、文化兴县、旅游旺县，以瑶族之源、亚洲艺术中心、绿色农业等"三大板块"形成三大强势品牌，构建具有唯一性、具有世界地位的文化旅游胜地。

最后，为达到集群效应，灌阳还将牵头组建"中国瑶乡文化旅游经济圈"联盟。以"意识观念现代化、资源整合特色化、运营理念品牌化、营销目标全球化"的理念，联盟全国 12 个瑶族自治县，共同挖掘"东方民族文化"，形成瑶乡文化旅游概念和神奇的瑶乡文化旅游现象。打造一个超越县、市乃至省行政区划范围的民族特色文化旅游品牌，带动各瑶族自治县形成一个区域特色产业格局，形成共同受益、共同发展的瑶乡文化特色经济圈。

未来的灌阳将是绿色生态的，"瑶族发祥地"文化与高雅雕塑艺术相结合的，具有现代服务功能的，以人为本、以瑶族文化为核心、以艺术为产业内容的"亚洲艺术中心"，将成为中国首个"艺术城市"特色县。未来的灌阳将是一座历经千年沧桑而罔替不衰的亚洲"艺术城市",将是一座"瑶族发祥地"色彩斑斓的历史文化名城!

(刘彤为北京印刷学院副教授、文化产业管理系主任,蒋骏雄为资深策划人)

原载《人民日报》2013 年 3 月 20 日第 13 版

整合区域资源优势创建"艺术城市"特色县

沈荔芳　陆桂弟

党的十八大提出了"四化同步"的战略思想,作出了推进经济结构战略性调整、推动城乡发展一体化等战略部署,强调"必须以改善需求结构、优化产业结构、促进区域协调发展、推进城镇化为重点,着力解决制约经济持续健康发展的重大结构性问题"、"加快完善城乡发展一体化体制机制,着力在城乡规划、基础设施、公共服务等方面推进一体化,促进城乡要素平等交换和公共资源均衡配置,形成以工促农、以城带乡、工农互惠、城乡一体的新型工农、城乡关系",城镇化建设、城乡一体化成为了转方式、调结构的战略重点;同时,党的十八大将生态文明建设纳入了中国特色社会主义事业总体布局,强调"把生态文明建设放在突出地位,融入经济建设、政治建设、文化建设、社会建设各方面和全过程,努力建设美丽中国,实现中华民族永续发展",推动我国努力走向社会主义生态文明新时代。

作为后发展欠发达的灌阳县,如何立足生态环境、自然风光、特色文化等资源优势,通过城镇化整合各类优势资源,走出一条旅游产业、文化艺术、城镇建设深度融合发展的特色城镇化之路,推动县域经济生态发展、绿色崛起,是摆在我们面前的重大课题,更是深入贯彻落实党的十八大精神的迫切要求。

灌阳县委、县政府抢抓国家发改委批复《桂林国际旅游胜地建设发展规划纲要》,桂林大力推进国际旅游胜地建设的重大历史机遇,决心创建"艺术城市"特色县。"艺术城市"是一个城市根据其民族文化、地域特点、文化定位,综合运用历史文化、民族艺术、当代综合艺术和各种环境艺术,以独具风格的城市建筑、城市公共艺术、城市文化为代表的个性化城市符号。

灌阳拥有着良好的客观条件：公元前168年建县，世界瑶族发祥地、桂剧发源地；红军三过灌阳留下红色文化；原始质朴的农耕文化、别具一格的茶食文化；国家AAAA级千家洞黑岩景区、自治区级地质公园文市石林、月岭古民居、唐景崧故居等自然和人文景观。灌阳是国家生态文明示范工程试点县、广西重点生态功能区，森林覆盖率达74.81%，空气清新、水质优良、土壤洁净，生态环境优势突出。灌阳物产富饶，是"中国南方红豆杉之乡"、"雪梨之乡"、"黑李之乡"、"大红薯之乡"、"黑白大理石之都"、"广西超级稻高产第一县"、石英砂储量达10亿立方米以上，富含氡、硒有益微量元素的矿泉水日开发量可达600吨。

《桂林国际旅游胜地建设发展规划纲要》明确提出"2020年国际旅游胜地基本建成，成为世界一流山水观光休闲度假旅游目的地、国际旅游合作和文化交流的重要平台，城市文化特色突出，城镇化率高于全国平均水平，城乡生态环境达到国际优良水准"。灌阳创建"艺术城市"特色县符合桂林国际旅游胜地建设的目标和定位，利于争取政策扶持倾斜，具有明显政策优势。

灌阳按照"生态立县、工业强县、农业稳县、文化兴县、旅游旺县"的发展战略，创建"艺术城市"特色县，是后发展欠发达地区以文化旅游产业带动新型城镇化建设和城乡一体化发展的探索和创新，对全市全区乃至全国的新型城镇化建设和城乡一体化发展具有先行先试的示范作用。

"艺术城市"特色县总体规划必须坚持高起点、高标准、科学性、前瞻性的原则，既要符合重大部署和政策导向，符合《桂林国际旅游胜地建设发展规划纲要》提出的目标、定位和举措，又要着力解决传统城镇规划模式导致的目标趋同、功能重复、产业同质、形象单一、千城一面等问题，彰显灌阳特色。我们希望以设计国际化的架构，通过特色城镇化的全球推广，塑造世界级的特色城镇品牌，努力实现资源利用的广泛性和发展利益的最大化，促进城乡一体化、农村城市化进程，达到县域经济与文化的高度融合，城镇的精神文化、物质文化、管理文化的高度统一，实现城镇的文化产业同产业文化的双向促进。

为此，我们聘请了以中国人民大学、中国科学院、北京师范大学、英国布里斯托尔大学、北京印刷学院的教授博士为核心成员，以全国著名的指标体系研究专家和资深文化产业策划人、艺术家为指导的专家团队，量身定制全套完整指标体系，涉及生态环境健康、社会和谐进步、经济蓬勃发展、区域协调融合四方面指标，基本达到甚至超过先进国家水平。这一指标体系作为总体规划编制的依据，将是指导"艺术城市"建设的中国首个指标体系。

为推进"艺术城市"特色县建设，灌阳县委、县政府将出台《灌阳县创建"艺术城市"特色县规划建设纲要》《灌阳县城镇规划建设管理若干规定》等文件，并出台相关的财政、税收、土地、金融、价格、奖励等优惠政策，营造一个优良的投资环境，力争在 2013 年至 2017 年五年期间，加强旅游基础设施建设，巩固扩大生态环境优势，初步建成"艺术城市"特色县。

（沈荔芳为中共广西灌阳县委书记，陆桂弟为广西灌阳县人民政府县长）

原载《人民日报》2013 年 3 月 20 日第 13 版

打造"艺术城市"特色小镇　探索旅游地产发展新模式

陆　剑　韦　强

灌阳拥有丰富的旅游资源，不仅有世界瑶族发祥地的千家洞国家级自然保护区、景色壮观的千家洞黑岩景区、保存完好的月岭古民居，还有与云南路南石林媲美的文市石林群落和红军长征三过灌阳留下的红色旅游资源。

2012 年 9 月 17 日，灌阳县和信·云水瑶项目正式开工建设，为灌阳县千家洞瑶族古镇前期项目。由广西和信联合投资集团投资打造的灌阳县千家洞瑶族古镇项目规划用地约 2800 亩，投资规模约 50 亿元，开发建设期限为 8 年至10 年。古镇项目定位为具有中国瑶族文化特点的国际生态旅游文化古镇，计划建成集瑶族特色城乡居民住宅、瑶族原生态文化旅游体验、瑶族风情商业街、瑶族休闲度假养生保健基地等多功能为一体的特色小镇。迄今为止，该项目为桂林最大的生态旅游投资项目，2012 年获批"广西壮族自治区统筹推进重大项目"。

"把生态文明建设放在突出地位，融入经济建设、政治建设、文化建设、社会建设各方面和全过程，努力建设美丽中国，实现中华民族永续发展。"十八大报告中，"生态文明"、"美丽中国"成为社会各界关注的热词。这给企业未来的发展方向发出了强劲的信号：只有把生态文明与城镇化建设有机结合，企业才有生命力。

和信集团依托桂林国际旅游胜地建设平台，整合灌阳两千多年的人文历史资源，试图以高端会展项目为引擎，拉动大文化产业，创建"艺术城市"特色小镇，在一个典型的"民族、边疆、山区、贫困"西部欠发达县，探索城乡一体化、生态文明建设、特色旅游地产开发的新模式。

"千家洞瑶族古镇旅游开发项目"是和信集团探索旅游地产开发与城镇化建设结合新模式的初次尝试，"文化旅游+小镇地产+文化产业"的运作模式以资本运作、项目运行和产业导入为手段，整合土地资源，有力地提升区域资源价值，谋求城市与企业的共同发展。

项目中所有建筑均采用生态、绿色和智能化设计，使用广西特有的材料，附以中国古典装饰装潢和色彩构成。装饰风格将以简约、大方、高雅、脱俗的明式风格为主基调，配以夏商的深厚、西周的庄严、春秋的灿烂、先秦的雄壮、西汉的张扬、大唐的华贵、两宋的意境、明朝的风韵、清代的富丽，使其成为中国乃至世界上第一个以瑶族文化元素塑造环境、融通中华五千年文化，又吸收西方建筑精华的"艺术城市"概念城镇。

未来的灌阳千家洞瑶乡小镇将是"城中有园"、"园中有城"，集山、水、林、园、小镇于一体，水系统健康循环，土地资源合理利用，建筑节能、减灾防灾与应急管理体系完善、自然与人文资源妥善保护、古典与现代完美结合、民族与时尚和谐发展的国际著名艺术旅游小镇。

和信集团希望"文化旅游+小镇地产+文化产业"的发展模式，能够实现"特色城镇基础设施与公共艺术建设、城镇国际化推进、文化旅游产业开发"三个体系并进，为探索中国特色城镇化建设和发展做出有益尝试。

（陆剑为广西和信联合投资集团董事局主席，韦强为广西和信联合投资集团地产旅游集团董事长）

原载《人民日报》2013年3月20日第13版

附录 2

《广西日报》 2013 年 3 月 20 日 "要闻版"

灌阳：打造"艺术城市"概念样板县

本报灌阳讯（记者／杨子健）对位于偏远山区的"省尾"小县灌阳来说，新型城镇化如何定位？灌阳县委县政府抓住桂林大力推进国际旅游胜地建设的重大历史机遇，整合本地历史人文、特色旅游、生态环境等资源，打造"艺术城市"概念样板县。

灌阳地处偏远，基础薄弱，如何走出一条特色城镇化之路？该县放眼看世界，聘请国内外著名院校的博士教授为核心成员，以全国著名的指标体系研究专家和资深文化产业策划人、艺术家为指导的专家团队，量身定制全套完整指标体系，设计生态环境健康、社会和谐进步、经济蓬勃发展、区域协调融合 4

个方面指标，基本达到先进国家水平。

　　该县专门成立创建"艺术城市"特色县领导小组，特邀"艺术城市"理论创建者蒋骏雄、刘彤两位专家教授为小组指导专家，力争在 2013 年至 2017 年期间，构建千家洞瑶乡小镇、亚洲艺术中心"两大轴心"，瑶族之源、亚洲艺术中心、生态农业旅游"三大板块"，联合全国 12 个瑶族自治县，牵头构建"中国瑶乡文化旅游经济圈联盟"，加强旅游基础设施建设，巩固扩大生态环境优势，初步建成"艺术城市"特色县。

原载《广西日报》2013 年 3 月 20 日第 2 版

附录 3

《桂林日报》2013 年 4 月 3 日 "县区特刊"

创建"艺术城市"特色县 让灌阳人民生活更美好

沈荔芳 陆桂弟

以人为本、执政为民是我们党的性质和全心全意为人民服务根本宗旨的集中体现。建设美丽幸福和谐新灌阳，是县委、县政府提出的战略目标，也是灌阳人民的迫切期待。县委、县政府必须团结带领广大干部群众，大力推进特色城镇化、城乡发展一体化，让灌阳人民生活更美好、更幸福、更和谐。

党的十八大提出了"四化同步"的战略思想，作出了推进经济结构战略性调整、推动城乡发展一体化等战略部署，强调"必须以改善需求结构、优化产业结构、促进区域协调发展、推进城镇化为重点，着力解决制约经济持续健康发展的重大结构性问题"、"加快完善城乡发展一体化体制机制，着力在城乡规划、基础设施、公共服务等方面推进一体化，促进城乡要素平等交换和公共资源均衡配置，形成以工促农、以城带乡、工农互惠、城乡一体的新型工农、城乡关系"，新型城镇化、城乡一体化成为了转方式、调结构的战略重点。

乘着十八大的春风，全国掀起新型城镇化、城乡一体化发展的大潮，城镇化正由速度扩张朝着质量提升转型发展，城乡发展一体化这一"三农"工作破题之策，正在深入探索实践当中。作为后发展欠发达的灌阳县，如何立足生态环境、自然风光、特色文化等资源优势，跳出以往县域经济发展的窠臼，探索走出一条旅游产业、文化艺术、城镇建设、"三农"发展深度融合、互为促进的特色城镇化、城乡一体化发展之路，进而聚集整合各类优势资源要素，推动县域经济生态发展、绿色崛起，让灌阳人民生活更美好，这是摆在县委、县政府和广大干部群众面前的最重大的课题。

随着《桂林国际旅游胜地建设发展规划纲要》的正式获批，桂林经济社会发展上升为国家战略，将会得到国家全面、系统的政策支持，这为桂林以及灌阳赶超跨越带来了重大历史机遇。《规划纲要》明确提出"2020年国际旅游胜地基本建成，成为世界一流山水观光休闲度假旅游目的地、国际旅游合作和文化交流的重要平台。城市文化特色突出，城镇化率高于全国平均水平，城乡生态环境达到国际优良水准"。抢抓《规划纲要》获批的历史机遇，按照桂林建设国际旅游胜地的目标定位，灌阳县委、县政府作出了争创城乡发展一体化示范县的决策，选定了创建"艺术城市"特色县作为载体，这是通过文化旅游产业带动特色城镇化和城乡发展一体化的探索和创新，力争在区市乃至全国起到先行先试的示范作用。

"艺术城市"是一个城市根据其民族文化特点、地域特点、自身的文化定位，综合运用历史文化、民族文化艺术、当代综合艺术和各种环境艺术，所形成的体现该城市在世界范围唯一性的，以独具风格和风貌的城市建筑、城市公共艺术、城市文化为代表的个性化的城市符号。我们将"艺术城市"概念植入新型城镇化和城乡发展一体化，坚持以自然环境为依托、以瑶族文化和生态农业为核心、以艺术为内容，努力将灌阳建成"瑶族发祥地"文化与国际艺术相结合、具有现代服务功能、绿色生态园林式的"亚洲艺术中心"，使灌阳成为中国首个实践"艺术城市"概念样板县；成为快速推进城镇化、国际化进程，城乡发展一体化的示范县；成为与东盟博览会相互促进、互为影响的，亚洲地区最权威的大型艺术会展与创意工业会展活动中心；成为国际高端的文化创意产业聚集区和艺术品集散购藏中心。提升灌阳县的文化品位和国际影响力，使灌阳成为"世界一流的旅游目的地"、"全国生态文明建设示范县"、"全国旅游创新发展先行县"、区域性（亚洲地区）艺术旅游中心和国际交流的重要平台。

创建"艺术城市"特色县，灌阳有着良好的客观条件和突出的政策优势：灌阳于公元前168年前建县，是世界瑶族发祥地、桂剧发源地，瑶族、桂剧文化源远流长，红军三过灌阳留下了壮丽的红色文化，还有原始质朴的农耕文化、别具一格的茶食文化，拥有国家AAAA级黑岩景区、文市石林自治区级地质公园、月岭古民居、唐景崧故居等自然和人文景观。灌阳是国家生态文明示范工程试点县、国家生态示范区、广西重点生态功能区，有千家洞国家级自然保护区、海洋山自治区级自然保护区，森林覆盖率达74.81%，空气清新，水质优良，土壤洁净，生态环境优势突出。灌阳是中国南方红豆杉之乡、中国大红薯之乡、中国黑白大理石之都、广西超级稻高产第一县，盛产国家地理标志农产品灌阳雪梨、中华名果灌阳黑李，石英砂储量10亿立方米以上，水能蕴藏量18.6万千瓦，富含氡、硒等有益微量元素的矿泉水日开发量可达600吨，物产资源较为富饶。灌阳属广西桂林市辖县，灌阳创建"艺术城市"特色县，符合桂林国际旅游胜地建设的目标定位，符合广西关于推进城镇化、发展旅游业的重要决策精神，符合党的十八大关于新型城镇化、城乡一体化的战略部署精神，利于争取政策扶持倾斜，具有明显政策优势。

灌阳创建"艺术城市"特色县，坚持高起点、高标准、科学性、前瞻性的原则，站到灌阳参与构建桂林国际旅游胜地的高度进行规划建设，既敢于瞄准《规划纲要》提出的世界一流标准，又着力解决传统城镇规划建设存在的问题不足，运用世界眼光，树立精品意识，强化创新精神，彰显灌阳特色，以设计国际化的城镇架构，通过特色城镇化的全球推广，塑造世界级的特色城镇品牌，努力实现资源利用的广泛性和发展利益的最大化，促进城乡发展一体化、农村城市化进程。

我们聘请了以中国人民大学、中国科学院、北京师范大学、英国布里斯托尔大学、北京印刷学院的博士教授为核心成员，以全国著名指标体系研究专家和资深文化产业策划人、艺术家为指导的专家团队，量身定制中国首个指导"艺术城市"建设的全套指标体系，涉及生态环境健康、社会和谐进步、经济蓬勃发展、区域协调融合4个方面指标，要求指标基本达到甚至超过先进国家水平，将其作为灌阳创建"艺术城市"特色县规划编制的依据。

我县已成立以县委书记、县长为组长，以相关县四套班子领导以及县直部门、乡镇主要负责同志为成员的灌阳创建"艺术城市"特色县领导小组，特邀"艺术城市"理论创建者蒋骏雄、刘彤两位专家教授为领导小组的指导专家，组织抓好灌阳创建"艺术城市"特色县规划建设工作，力争在2013年至2017年五年期间，构建"两大轴心"，打造"三大板块"，组建"一个联盟"，加强旅游基础设施建设，巩固扩大生态环境优势，初步建成"艺术城市"特色县。

一、构建"两大轴心"

千家洞瑶乡小镇。融"艺术城市"概念、瑶族文化和现代雕塑艺术为一体，着力营造具有"中国风格、东方气派、时代精神"的文化艺术环境，打造灌江十里瑶族吊脚楼，建设盘王雕塑建筑群、瑶族文化博物馆、瑶族文化产业园，建设第三产业集聚带、瑶族文化辐射带、艺术创意示范带，逐步形成文化中心区、会展休闲区、商务中心区，打造世界唯一的主题艺术城镇。

亚洲艺术中心。建立和完善以艺术会展中心为主的现代会展服务功能设施，采取国际范例的"美术双年展"形式，举办亚洲现代艺术和亚洲民间艺术两大艺术会展活动，进而开展亚洲艺术中心系列的高端艺术会展和艺术文化活动，同时积极引进和建立以欧洲工业和技术为内容的会展项目，带动发展文化创意、低碳工业以及其他产业项目落地。

二、打造"三大板块"

瑶族之源板块。依托灌阳"瑶族之源"这一核心文化，促进文化旅游深度融合发展，以瑶乡小镇为轴心，构建灌江沿线新的旅游格局，打造县城一江两岸景观带，建成江东现代生态新城区；打造小龙区级旅游名村和苏东休闲旅游新村，整改提升国家 AAAA 级黑岩景区周边品位档次，形成体验楚汉农耕文化的旅游线路；抓好千家洞遗址、唐景崧故居、月岭古民居等景点建设，形成体验瑶族、桂剧之源文化的旅游路线；构建以灌江小三峡、旅游高尔夫、石林地质公园为内容的自然观光旅游路线，打造一批红色教育、森林生态、保健养生等旅游基地。

亚洲艺术中心板块。依托桂林国际旅游胜地建设这一平台，融合瑶族人文文化和灌阳优良生态环境，以"亚洲艺术中心"系列会展为轴心，逐步形成与东盟博览会相互促进、互为影响，亚洲地区最具权威的国际级别艺术会展活动，打造国家级、区域性文化品牌，进而形成亚洲地区高端艺术品集散和购藏中心，带动会展产业、创意产业、生态工业、休闲养生、演艺娱乐等产业发展，形成互为关联、相互促进的大产业链。

生态农业旅游板块。依托灌阳良好的生态环境这一最大本钱，利用独特气候、清洁水源和洁净土地的优良条件，推进农村土地流转，提高农业集约经营水平，大力创建以水稻、水果、药材为重点的有机生产基地，提高以生猪为重点的生态养殖规模档次，发展以油茶、红豆杉为特色的生态林业。同时，做到生态农业、农村建设和文化旅游有机结合，引导和发动农民发展和推广具有瑶乡特色的休闲农业和乡村旅游，创建星级乡村旅游区和星级农家乐，制定实施对接欧洲民间旅游的计划，形成接待境外游客的热点领域。

三、组建"一个联盟"

树立县域经济联合发展观念，联合全国十二个瑶族自治县，牵头构建"中国瑶乡文化旅游经济圈联盟"。我们将申报成立瑶乡艺术研究院，挖掘梳理瑶族文化艺术，搭建瑶族文化艺术平台，以意识观念现代化、资源整合特色化、运营理念品牌化、营销目标全球化的理念，共同挖掘"东方民族文化"，努力促成瑶乡文化旅游概念和现象，打造一个超越县市乃至省区行政区划范围的民族特色文化旅游品牌，形成共同受益，共同发展的区域瑶乡文化特色经济圈。

四、加强旅游基础设施建设

加快旅游道路建设。加快灌凤高速公路建设进度，促进灌恭高速尽早开工建设。按照广西《富民兴旅三年行动计划（2013—2015年)》要求，争取区、市项目扶持，逐步改造提升千家洞黑岩景区、千家洞国家级自然保护区、月岭古民居、石林区级地质公园、唐景崧故居等重要景点的旅游公路建设。争取打通灌阳至湖南江永的旅游道路。

完善公共服务设施。抓好旅游服务基地和游客集散中心建设，建设绿色环保交通、清洁能源公交和慢行体系，实现人车分离，机非分离，动静分离，提高绿色出行比例。形成"城区中心，居住社区中心，生态细胞中心"三级公共服务设施网络，快速完善教育、医疗、体育、文化等公共服务设施，促进各项社会事业均衡发展。

推进旅游宾馆建设。重点建设红豆杉五星级大酒店、千家洞黑岩景区宾馆、瑶乡小镇五星级大酒店、度假中心等一批具有涉外接待能力的星级宾馆和休闲娱乐区，改造灌阳宾馆等现有的宾馆，鼓励扶持小型和微型宾馆升级改造，鼓励建设一批乡村游的度假旅店等，满足不断增长的旅游住宿需要。

五、巩固扩大生态环境优势

抓好生态工程建设。高标准、高水平完成国家生态文明示范工程试点县、国家绿色能源示范县、国家水土保持重点县、国家石漠化综合治理重点县创建，大规模、大力度实施小流域、石漠化综合治理等重大环境修复工程和绿色能源、生态人居等重点生态示范工程，夯实建设美丽灌阳的基础。

提高生态环境质量。完整保护千家洞、海洋山自然保护区，预留野生动物栖息地，加大饮用水源地保护、水生态修复的力度，保护和利用好生态林、水源林、红豆杉等名木古树，健全本地适生植物群落，打造森林景观大道等贯通全县的绿廊以及一批城镇新区、重点景区的水系绿化、水系景观，促进自然生态与人工生态有机结合。强力推进节能减排，完善污水垃圾处理设施，加强水体、空气、土壤等污染防治。

在创建"艺术城市"特色县过程中，我们必须强化"四个意识"：

一是强化机遇意识。灌阳处在城镇化规模和质量同步提升的重要阶段，创建"艺术城市"特色县正是赶超跨越发展的突破口和支撑点，而且具有良好的政治机遇、发展机遇和政策机遇。党的十八大将城镇化作为转方式、调结构的战略重点，将城乡发展一体化作为破解"三农"问题的根本途径，《桂林国际旅游胜地建设发展规划纲要》正式获批，上级出台了系列支持城镇化、旅游业发展的优惠政策，我们将抓好政治机遇、发展机遇和相关的政策机遇，充分用好、用足、用活有利于创建"艺术城市"特色县的系列政策，最大限度发挥机遇效应和政策效应。

二是强化规划意识。规划是城镇的"龙头"，是城镇建设管理的蓝图和依据。我们将把规划放在重要位置，抓紧编制《灌阳县创建"艺术城市"特色县建设规划纲要》，并且修编完善县城总体规划、城镇体系规划，并将工业园区、商住新区和旅游景区纳入城镇规划，完善交通、电力、防洪等专项规划，促进各项规划的紧密衔接。坚持科学合理、尊重规律、适度超前的原则编制规划，充分听取专家、干部、群众意见进行修改完善，并经法定程序作为县规立法，同时出台《城镇规划建设管理规定》，强化规划实施监督管理。

三是强化发展意识。产业发展是推进城镇化的基础，如果只是一味"造城"，就会出现有城无市的"空城"，产生大量"无业游民"，甚至落入"拉美陷阱"。创建"艺术城市"特色县，必须做到产城一体融合发展，注重城镇产业的布局定位、功能定位和分工组合定位，促使城镇空间、产业布局更加科学合理，引进和实施产业项目、基础设施项目，要做到与城镇产业、功能布局相互配套衔接，把城镇建设与产业结构调整紧密结合起来，与因地制宜培育主导产业、优势产业、新兴产业紧密结合起来，为加快特色城镇化构建可靠的产业基础。

四是强化文明意识。城镇化的过程就是社会文明进步的过程。创建"艺术城市"特色县，要坚持物质文明和精神文明双向推进，加强城乡居民文明素质培养，提倡健康文明生活方式，凝聚民智民力，上下团结一心，大力推进城乡环境综合整治，科学保护以灌江为重点的中小流域环境，开展文明单位、生态村镇等系列创建活动，抓好农村公路、农田水利、生态文明村屯"农村三大建设"，推进农村沼气能源建设和"改水、改厕、改厨"，实施城乡风貌改造，提高生态环境质量，改善清洁卫生环境，充分体现灌阳千年古县的文明。

灌阳县委、县政府还将根据本县实际，出台相关财政政策、税收政策、土地政策、金融政策、价格政策、奖励政策、人才政策，广聚各种各类资源要素，营造优良的投资环境，努力创建中国首个"艺术城市"特色县，带动全县经济社会绿色发展，让灌阳人民生活更美好。

（沈荔芳系党的十八大代表、中共灌阳县委书记，陆桂弟系灌阳县人民政府县长）

原载《桂林日报》2013 年 4 月 3 日第 6 版

附录 4

"艺术城市"设计案例——风雨桥

风雨桥亦称花桥,流行于湖南、湖北、贵州、广西等地,多建于交通要道,方便行人过往歇脚,也是迎宾场所。通常由桥、塔、亭组成,用木料筑成,靠凿榫衔接,风格独特,建筑技巧高超。

灌阳风雨桥由"艺术城市"理论创建者、本书作者、桂林灌阳"艺术城市"特色县总策划、总设计蒋骏雄先生创意、设计,于 2013 年 12 月设计完成。设计主题思想为"吉祥瑶乡·文化长廊",着力体现"艺术城市"的四大特征:历史性、民族性、地域性、唯一性。

灌阳风雨桥设计融传统风雨桥构架与现代审美为一体,以重彩彩绘的形式全方位展现瑶族文化、瑶族图腾与吉祥物。灌阳风雨桥将成为一个露天的瑶族文化长廊,一道壮观的旅游风景线。

1. 凤凰是瑶族的吉祥物,整个桥身呈现腾飞的凤凰形象,喻示着灌阳美好的未来。

2. 桥身由传统的木结构和适量的钢木混合结构组合而成,体现历史的传承兼有与时俱进的审美,同时满足现代交通和旅游功能需求。

3. 桥塔设计为金碧辉煌的凤头,塔尖为镂金龙凤吉祥图腾,飞檐翘角为瑶族"龙犬"图腾式样;凤身主要以传统的琉璃瓦或小青瓦覆盖,塔的中心装饰采用"喜鹊登枝"雕花和瑶族色彩的彩绘图案相融合;桥身顶部的装饰格,以彩绘形式表现瑶族故事、传说等文化元素。

4. 桥身摆放数十块重彩壁画式屏风,屏风上以不同形式绘制瑶族 12 个分支和整个瑶族历史的演变过程,以及历史文化、民俗风情、著名人物、重大事件、传世经典(如女书)等作品。

5. 桥身中间两侧各设一座钢化玻璃材质观景台,可直视河流,以六个瑶族长鼓作为护栏,每个长鼓上攀附一个青蛙,游人走近护栏青蛙即自动喷水,形成参与互动，同时体现科技内涵与时代特色。

6. 桥两端各设六根大柱，分别以瑶族各分支的美少女形象彩绘，以增加视觉美感，体现瑶乡的秀美情韵；柱底下的石鼓采用铜鼓的形状和瑶族各分支的服饰色彩图案；桥头设两头雄狮护卫风雨桥。

7. 桥头周边护栏由瑶族吉祥图案雕花组成，桥头两边各摆放三个彩绘铜鼓，周边各摆放一组拙朴憨态的青蛙，喻示吉祥瑶乡美好家园繁荣昌盛。

灌阳风雨桥正面效果图

灌阳风雨桥全景图

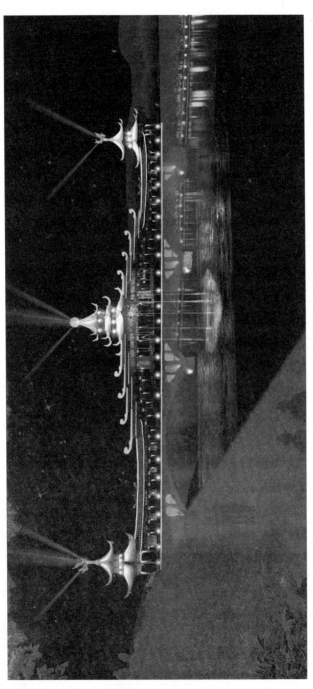

灌阳风雨桥夜景图

附录 5

国家新型城镇化规划（2014—2020 年）

国家新型城镇化规划（2014—2020 年），根据中国共产党第十八次全国代表大会报告、《中共中央关于全面深化改革若干重大问题的决定》、中央城镇化工作会议精神、《中华人民共和国国民经济和社会发展第十二个五年规划纲要》和《全国主体功能区规划》编制，按照走中国特色新型城镇化道路、全面提高城镇化质量的新要求，明确未来城镇化的发展路径、主要目标和战略任务，统筹相关领域制度和政策创新，是指导全国城镇化健康发展的宏观性、战略性、基础性规划。

第一篇　规划背景

我国已进入全面建成小康社会的决定性阶段，正处于经济转型升级、加快推进社会主义现代化的重要时期，也处于城镇化深入发展的关键时期，必须深刻认识城镇化对经济社会发展的重大意义，牢牢把握城镇化蕴含的巨大机遇，准确研判城镇化发展的新趋势新特点，妥善应对城镇化面临的风险挑战。

第一章　重大意义

城镇化是伴随工业化发展，非农产业在城镇集聚、农村人口向城镇集中的自然历史过程，是人类社会发展的客观趋势，是国家现代化的重要标志。按照建设中国特色社会主义五位一体总体布局，顺应发展规律，因势利导，趋利避害，积极稳妥扎实有序推进城镇化，对全面建成小康社会、加快社会主义现代化建设进程、实现中华民族伟大复兴的中国梦，具有重大现实意义和深远历史意义。

——城镇化是现代化的必由之路。工业革命以来的经济社会发展史表明，一国要成功实现现代化，在工业化发展的同时，必须注重城镇化发展。当今中国，城镇化与工业化、信息化和农业现代化同步发展，是现代化建设的核心内容，彼此相辅相成。工业化处于主导地位，是发展的动力；农业现代化是重要基础，是发展的根基；信息化具有后发优势，为发展注入新的活力；城镇化是载体和平台，承载工业化和信息化发展空间，带动农业现代化加快发展，发挥着不可替代的融合作用。

——城镇化是保持经济持续健康发展的强大引擎。内需是我国经济发展的根本动力，扩大内需的最大潜力在于城镇化。目前我国常住人口城镇化率为53.7%，户籍人口城镇化率只有 36% 左右，不仅远低于发达国家 80% 的平均水平，也低于人均收入与我国相近的发展中国家 60% 的平均水平，还有较大的发展空间。城镇化水平持续提高，会使更多农民通过转移就业提高收入，通过转为市民享受更好的公共服务，从而使城镇消费群体不断扩大、消费结构不断升级、消费潜力不断释放，也会带来城市基础设施、公共服务设施和住宅建设等巨大投资需求，这将为经济发展提供持续的动力。

——城镇化是加快产业结构转型升级的重要抓手。产业结构转型升级是转变经济发展方式的战略任务，加快发展服务业是产业结构优化升级的主攻方向。目前我国服务业增加值占国内生产总值比重仅为 46.1%，与发达国家74% 的平均水平相距甚远，与中等收入国家 53% 的平均水平也有较大差距。城镇化与服务业发展密切相关，服务业是就业的最大容纳器。城镇化过程中的人口集聚、生活方式的变革、生活水平的提高，都会扩大生活性服务需求；生产要素的优化配置、三次产业的联动、社会分工的细化，也会扩大生产性服务需求。城镇化带来的创新要素集聚和知识传播扩散，有利于增强创新活力，驱动传统产业升级和新兴产业发展。

——城镇化是解决农业、农村、农民问题的重要途径。我国农村人口过多、农业水土资源紧缺，在城乡二元体制下，土地规模经营难以推行，传统生产方式难以改变，这是"三农"问题的根源。我国人均耕地仅 0.1 公顷，农户户均土地经营规模约 0.6 公顷，远远达不到农业规模化经营的门槛。城镇化总体上有利于集约节约利用土地，为发展现代农业腾出宝贵空间。随着农村人口逐步向城镇转移，农民人均资源占有量相应增加，可以促进农业生产规模化和机械化，提高农业现代化水平和农民生活水平。城镇经济实力提升，会进一步增强以工促农、以城带乡能力，加快农村经济社会发展。

　　——城镇化是推动区域协调发展的有力支撑。改革开放以来，我国东部沿海地区率先开放发展，形成了京津冀、长江三角洲、珠江三角洲等一批城市群，有力推动了东部地区快速发展，成为国民经济重要的增长极。但与此同时，中西部地区发展相对滞后，一个重要原因就是城镇化发展很不平衡，中西部城市发育明显不足。目前东部地区常住人口城镇化率达到62.2％，而中部、西部地区分别只有48.5％、44.8％。随着西部大开发和中部崛起战略的深入推进，东部沿海地区产业转移加快，在中西部资源环境承载能力较强地区，加快城镇化进程，培育形成新的增长极，有利于促进经济增长和市场空间由东向西、由南向北梯次拓展，推动人口经济布局更加合理、区域发展更加协调。

　　——城镇化是促进社会全面进步的必然要求。城镇化作为人类文明进步的产物，既能提高生产活动效率，又能富裕农民、造福人民，全面提升生活质量。随着城镇经济的繁荣，城镇功能的完善，公共服务水平和生态环境质量的提升，人们的物质生活会更加殷实充裕精神生活会更加丰富多彩；随着城乡二元体制逐步破除，城市内部二元结构矛盾逐步化解，全体人民将共享现代文明成果。这既有利于维护社会公平正义、消除社会风险隐患，也有利于促进人的全面发展和社会和谐进步。

第二章　发展现状

　　改革开放以来，伴随着工业化进程加速，我国城镇化经历了一个起点低、速度快的发展过程。1978—2013 年，城镇常住人口从 1.7 亿人增加到 7.3 亿人，城镇化率从 17.9％提升到 53.7％，年均提高 1.02 个百分点；城市数量从 193 个增加到 658 个，建制镇数量从 2173 个增加到 20113 个。京津冀、长江三角洲、珠江三角洲三大城市群，以 2.8％的国土面积集聚了 18％的人口，创造了 36％的国内生产总值，成为带动我国经济快速增长和参与国际经济合作与竞争的主要平台。城市水、电、路、气、信息网络等基础设施显著改善，教育、医疗、文化体育、社会保障等公共服务水平明显提高，人均住宅、公园绿地面积大幅增加。城镇化的快速推进，吸纳了大量农村劳动力转移就业，提高了城乡生产要素配置效率，推动了国民经济持续快速发展，带来了社会结构深刻变革，促进了城乡居民生活水平全面提升，取得的成就举世瞩目。

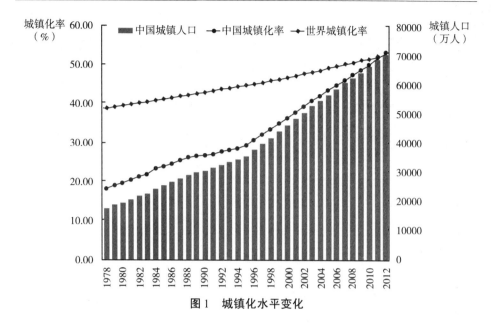

图 1 城镇化水平变化

表 1 城市（镇）数量和规模变化情况 （单位：个）

		1978 年	2010 年
城市		193	658
	1000 万以上人口城市	0	6
	500 万—1000 万人口城市	2	10
	300 万—500 万人口城市	2	21
	100 万—300 万人口城市	25	103
	50 万—100 万人口城市	35	138
	50 万以下人口城市	129	380
建制镇		2173	19410

注：2010 年数据根据第六次全国人口普查数据整理。

表 2 城市基础设施和服务设施变化情况

指标	2000 年	2012 年
用水普及率（%）	63.9	97.2

指标	2000 年	2012 年
燃气普及率（%）	44.6	93.2
人均道路面积（%）	6.1	14.4
人均住宅建筑面积（平方米）	20.3	32.9
污水处理率（%）	34.3	87.3
人均公园绿地面积（平方米）	3.7	12.3
普通中学（所）	14473	17333
病床数（万张）	142.6	273.3

在城镇化快速发展过程中，也存在一些必须高度重视并着力解决的突出矛盾和问题。

——大量农业转移人口难以融入城市社会，市民化进程滞后。目前农民工已成为我国产业工人的主体，受城乡分割的户籍制度影响，被统计为城镇人口的 2.34 亿农民工及其随迁家属，未能在教育、就业、医疗、养老、保障性住房等方面享受城镇居民的基本公共服务，产城融合不紧密，产业集聚与人口集聚不同步，城镇化滞后于工业化。城镇内部出现新的二元矛盾，农村留守儿童、妇女和老人问题日益凸显，给经济社会发展带来诸多风险隐患。

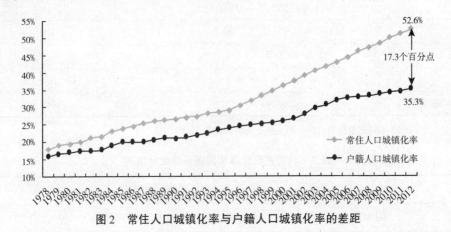

图 2　常住人口城镇化率与户籍人口城镇化率的差距

——"土地城镇化"快于人口城镇化，建设用地粗放低效。一些城市"摊大饼"式扩张，过分追求宽马路、大广场，新城新区、开发区和工业园区占地过大，建成区人口密度偏低。1996—2012 年，全国建设用地年均增加 724 万亩，其中城镇建设用地年均增加 357 万亩；2010—2012 年，全国建设用地年均增加 953 万亩，其中城镇建设用地年均增加 515 万亩。2000—2011 年，城镇建成区面积增长 76.4％，远高于城镇人口 50.5％的增长速度；农村人口减少 1.33 亿人，农村居民点用地却增加了 3045 万亩。一些地方过度依赖土地出让收入和土地抵押融资推进城镇建设，加剧了土地粗放利用，浪费了大量耕地资源，威胁到国家粮食安全和生态安全，也加大了地方政府性债务等财政金融风险。

——城镇空间分布和规模结构不合理，与资源环境承载能力不匹配。东部一些城镇密集地区资源环境约束趋紧，中西部资源环境承载能力较强地区的城镇化潜力有待挖掘；城市群布局不尽合理，城市群内部分工协作不够、集群效率不高；部分特大城市主城区人口压力偏大，与综合承载能力之间的矛盾加剧；中小城市集聚产业和人口不足，潜力没有得到充分发挥；小城镇数量多、规模小、服务功能弱，这些都增加了经济社会和生态环境成本。

——城市管理服务水平不高，"城市病"问题日益突出。一些城市空间无序开发、人口过度集聚，重经济发展、轻环境保护，重城市建设、轻管理服务，交通拥堵问题严重，公共安全事件频发，城市污水和垃圾处理能力不足，大气、水、土壤等环境污染加剧，城市管理运行效率不高，公共服务供给能力不足，城中村和城乡接合部等外来人口集聚区人居环境较差。

——自然历史文化遗产保护不力，城乡建设缺乏特色。一些城市景观结构与所处区域的自然地理特征不协调，部分城市贪大求洋、照搬照抄，脱离实际建设国际大都市，"建设性"破坏不断蔓延，城市的自然和文化个性被破坏。一些农村地区大拆大建，照搬城市小区模式建设新农村，简单用城市元素与风格取代传统民居和田园风光，导致乡土特色和民俗文化流失。

——体制机制不健全，阻碍了城镇化健康发展。现行城乡分割的户籍管理、土地管理、社会保障制度，以及财税金融、行政管理等制度，固化着已经形成的城乡利益失衡格局，制约着农业转移人口市民化，阻碍着城乡发展一体化。

第三章　发展态势

根据世界城镇化发展普遍规律，我国仍处于城镇化率30％～70％的快速发展区间，但延续过去传统粗放的城镇化模式，会带来产业升级缓慢、资源环境恶化、社会矛盾增多等诸多风险，可能落入"中等收入陷阱"，进而影响现代化进程。随着内外部环境和条件的深刻变化，城镇化必须进入以提升质量为主的转型发展新阶段。

——城镇化发展面临的外部挑战日益严峻。在全球经济再平衡和产业格局再调整的背景下，全球供给结构和需求结构正在发生深刻变化，庞大生产能力与有限市场空间的矛盾更加突出，国际市场竞争更加激烈，我国面临产业转型升级和消化严重过剩产能的挑战巨大；发达国家能源资源消费总量居高不下，人口庞大的新兴市场国家和发展中国家对能源资源的需求迅速膨胀，全球资源供需矛盾和碳排放权争夺更加尖锐，我国能源资源和生态环境面临的国际压力前所未有，传统高投入、高消耗、高排放的工业化城镇化发展模式难以为继。

——城镇化转型发展的内在要求更加紧迫。随着我国农业富余劳动力减少和人口老龄化程度提高，主要依劳动力廉价供给推动城镇化快速发展的模式不可持续；随着资源环境瓶颈制约日益加剧，主要依靠土地等资源粗放消耗推动城镇化快速发展的模式不可持续；随着户籍人口与外来人口公共服务差距造成的城市内部二元结构矛盾日益凸显，主要依靠非均等化基本公共服务压低成本推动城镇化快速发展的模式不可持续。工业化、信息化、城镇化和农业现代化发展不同步，导致农业根基不稳、城乡区域差距过大、产业结构不合理等突出问题。我国城镇化发展由速度型向质量型转型势在必行。

——城镇化转型发展的基础条件日趋成熟。改革开放30多年来我国经济快速增长，为城镇化转型发展奠定了良好物质基础。国家着力推动基本公共服务均等化，为农业转移人口市民化创造了条件。交通运输网络的不断完善、节能环保等新技术的突破应用，以及信息化的快速推进，为优化城镇化空间布局和形态，推动城镇可持续发展提供了有力支撑。各地在城镇化方面的改革探索，为创新体制机制积累了经验。

第二篇　指导思想和发展目标

我国城镇化是在人口多、资源相对短缺、生态环境比较脆弱、城乡区域发展不平衡的背景下推进的，这决定了我国必须从社会主义初级阶段这个最大实际出发，遵循城镇化发展规律，走中国特色新型城镇化道路。

第四章　指导思想

高举中国特色社会主义伟大旗帜，以邓小平理论、"三个代表"重要思想、科学发展观为指导，紧紧围绕全面提高城镇化质量、加快转变城镇化发展方式，以人的城镇化为核心，有序推进农业转移人口市民化；以城市群为主体形态，推动大中小城市和小城镇协调发展；以综合承载能力为支撑，提升城市可持续发展水平；以体制机制创新为保障，通过改革释放城镇化发展潜力，走以人为本、四化同步、优化布局、生态文明、文化传承的中国特色新型城镇化道路，促进经济转型升级和社会和谐进步，为全面建成小康社会、加快推进社会主义现代化、实现中华民族伟大复兴的中国梦奠定坚实基础。

要坚持以下基本原则：

——以人为本，公平共享。以人的城镇化为核心，合理引导人口流动，有序推进农业转移人口市民化，稳步推进城镇基本公共服务常住人口全覆盖，不断提高人口素质，促进人的全面发展和社会公平正义，使全体居民共享现代化建设成果。

——四化同步，统筹城乡。推动信息化和工业化深度融合、工业化和城镇化良性互动、城镇化和农业现代化相互协调，促进城镇发展与产业支撑、就业转移和人口集聚相统一，促进城乡要素平等交换和公共资源均衡配置，形成以工促农、以城带乡、工农互惠、城乡一体的新型工农、城乡关系。

——优化布局，集约高效。根据资源环境承载能力构建科学合理的城镇化宏观布局，以综合交通网络和信息网络为依托，科学规划建设城市群，严格控制城镇建设用地规模，严格划定永久基本农田，合理控制城镇开发边界，优化城市内舱间结构，促进城市紧凑发展，提高国土空间利用效率。

——生态文明，绿色低碳。把生态文明理念全面融入城镇化进程，着力推进绿色发展、循环发展、低碳发展，节约集约利用土地、水、能源等资源，强化环境保护和生态修复，减少对自然的干扰和损害，推动形成绿色低碳的生产生活方式和城市建设运营模式。

——文化传承，彰显特色。根据不同地区的自然历史文化禀赋，体现区域差异性，提倡形态多样性，防止千城一面，发展有历史记忆、文化脉络、地域风貌、民族特点的美丽城镇，形成符合实际、各具特色的城镇化发展模式。

——市场主导，政府引导。正确处理政府和市场关系，更加尊重市场规律，坚持使市场在资源配置中起决定性作用，更好发挥政府作用，切实履行政府制定规划政策、提供公共服务和营造制度环境的重要职责，使城镇化成为市场主导、自然发展的过程，成为政府引导、科学发展的过程。

——统筹规划，分类指导。中央政府统筹总体规划、战略布局和制度安排，加强分类指导；地方政府因地制宜、循序渐进抓好贯彻落实；尊重基层首创精神，鼓励探索创新和试点先行，凝聚各方共识，实现重点突破，总结推广经验，积极稳妥扎实有序推进新型城镇化。

第五章　发展目标

——城镇化水平和质量稳步提升。城镇化健康有序发展，常住人口城镇化率达到60％左右，户籍人口城镇化率达到45％左右，户籍人口城镇化率与常住人口城镇化率差距缩小2个百分点左右，努力实现1亿左右农业转移人口和其他常住人口在城镇落户。

——城镇化格局更加优化。"两横三纵"为主体的城镇化战略格局基本形成，城市群集聚经济、人口能力明显增强，东部地区城市群一体化水平和国际竞争力明显提高，中西部地区城市群成为推动区域协调发展的新的重要增长极。城市规模结构更加完善，中心城市辐射带动作用更加突出，中小城市数量增加，小城镇服务功能增强。

——城市发展模式科学合理。密度较高、功能混用和公交导向的集约紧凑型开发模式成为主导，人均城市建设用地严格控制在100平方米以内，建成区人口密度逐步提高。绿色生产、绿色消费成为城市经济生活的主流，节能节水产品、再生利用产品和绿色建筑比例大幅提高。城市地下管网覆盖率明显提高。

——城市生活和谐宜人。稳步推进义务教育、就业服务、基本养老、基本医疗卫生、保障性住房等城镇基本公共服务覆盖全部常住人口，基础设施和公共服务设施更加完善，消费环境更加便利，生态环境明显改善，空气质量逐步好转，饮用水安全得到保障。自然景观和文化特色得到有效保护，城市发展个性化，城市管理人性化、智能化。

——城镇化体制机制不断完善。户籍管理、土地管理、社会保障、财税金融、行政管理、生态环境等制度改革取得重大进展，阻碍城镇化健康发展的体制机制障碍基本消除。

专栏 1   新型城镇化主要指标

指标	2012 年	2020 年
城镇化水平		
常住人口城镇化率（％）	52.6	60 左右
户籍人口城镇化率（％）	35.3	45 左右
基本公共服务		
农民工随迁子女接受义务教育比例（％）		≥99
城镇失业人员、农民工、新成长劳动力免费接受基本职业技能培训覆盖率（％）		≥95
城镇常住人口基本养老保险覆盖率（％）	66.9	≥90
城镇常住人口基本医疗保险覆盖率（％）	95	98
城镇常住人口保障性住房覆盖率（％）	12.5	≥23
基础设施		
百万以上人口城市公共交通占机动化出行比例（％）	45*	60
城镇公共供水普及率（％）	81.7	90
城市污水处理率（％）	87.3	95
城市生活垃圾无害化处理率（％）	84.8	95
城市家庭宽带接入能力（Mbps）	4	≥50
城市社区综合服务设施覆盖率（％）	72.5	100
资源环境		
人均城市建设用地（平方米）		≤100
城镇可再生能源消费比重（％）	8.7	13

指标	2012 年	2020 年
城镇绿色建筑占新建建筑比重（％）	2	50
城市建成区绿地率（％）	35.7	38.9
地级以上城市空气质量达到国家标准的比例（％）	40.9	60

注：①带 * 为 2011 年数据。

②城镇常住人口基本养老保险覆盖率指标中，常住人口不含 16 周岁以下人员和在校学生。

③城镇保障性住房：包括公租房（含廉租房）、政策性商品住房和棚户区改造安置住房等。

④人均城市建设用地：国家《城市用地分类与规划建设用地标准》规定，人均城市建设用地标准为 65.0～115.0 平方米，新建城市为 85.1～105.0 平方米。

⑤城市空气质量国家标准：在 1996 年标准基础上，增设了 PM_2 浓度限值和臭氧 8 小时平均浓度限值，调整了 PM_{10}、二氧化氮、铅等浓度限值。

第三篇　有序推进农业转移人口市民化

按照尊重意愿、自主选择，因地制宜、分步推进，存量优先、带动增量的原则，以农业转移人口为重点，兼顾高校和职业技术院校毕业生、城镇间异地就业人员和城区城郊农业人口，统筹推进户籍制度改革和基本公共服务均等化。

第六章　推进符合条件农业转移人口落户城镇

逐步使符合条件的农业转移人口落户城镇，不仅要放开小城镇落户限制，也要放宽大中城市落户条件。

第一节　健全农业转移人口落户制度

各类城镇要健全农业转移人口落户制度，根据综合承载能力和发展潜力，以就业年限、居住年限、城镇社会保险参保年限等为基准条件，因地制宜制定具体的农业转移人口落户标准，并向全社会公布，引导农业转移人口在城镇落户的预期和选择。

第二节　实施差别化落户政策

以合法稳定就业和合法稳定住所（含租赁）等为前置条件，全面放开建制镇和小城市落户限制，有序放开城区人口 50 万～100 万的城市落户限制，合理放开城区人口 100 万～300 万的大城市落户限制，合理确定城区人口 300

万~500 万的大城市落户条件，严格控制城区人口 500 万以上的特大城市人口规模。大中城市可设置参加城镇社会保险年限的要求，但最高年限不得超过 5 年。特大城市可采取积分制等方式设置阶梯式落户通道调控落户规模和节奏。

第七章　推进农业转移人口享有城镇基本公共服务

农村劳动力在城乡间流动就业是长期现象，按照保障基本、循序渐进的原则，积极推进城镇基本公共服务由主要对本地户籍人口提供向对常住人口提供转变，逐步解决在城镇就业居住但未落户的农业转移人口享有城镇基本公共服务问题。

第一节　保障随迁子女平等享有受教育权利

建立健全全国中小学生学籍信息管理系统，为学生学籍转接提供便捷服务。将农民工随迁子女义务教育纳入各级政府教育发展规划和财政保障范畴，合理规划学校布局，科学核定教师编制，足额拨付教育经费，保障农民工随迁子女以公办学校为主接受义务教育。对未能在公办学校就学的，采取政府购买服务等方式，保障农民工随迁子女在普惠性民办学校接受义务教育的权利。逐步完善农民工随迁子女在流入地接受中等职业教育免学费和普惠性学前教育的政策，推动各地建立健全农民工随迁子女接受义务教育后在流入地参加升学考试的实施办法。

第二节　完善公共就业创业服务体系

加强农民工职业技能培训，提高就业创业能力和职业素质。整合职业教育和培训资源，全面提供政府补贴职业技能培训服务。强化企业开展农民工岗位技能培训责任，足额提取并合理使用职工教育培训经费。鼓励高等学校、各类职业院校和培训机构积极开展职业教育和技能培训，推进职业技能实训基地建设。鼓励农民工取得职业资格证书和专项职业能力证书，并按规定给予职业技能鉴定补贴。加大农民工创业政策扶持力度，健全农民工劳动权益保护机制。实现就业信息全国联网，为农民工提供免费的就业信息和政策咨询。

专栏 2　农民工职业技能提升计划

01　就业技能培训

对转移到非农业务工经商的农村劳动者开展专项技能或初级技能培训。依托技工院校、中高等职业院校、职业技能实训基地等培训机构，加大各级政府投入，开展政府补贴农民工就业技能培训，每年培训 1000 万人次，基本消除新成长劳动力无技能从业现象。对少数民旋转移就业人员实行双语技能培训。

02	**岗位技能提升培训** 对与企业签订一定期限劳动合同的在岗农民工进行提高技能水平培训。鼓励企业结合行业特点和岗位技能需求，开展农民工在岗技能提升培训，每年培训农民工1000万人次。
03	**高技能人才和创业培训** 对符合条件的具备中高级技能的农民工实施高技能人才培训计划，完善补贴政策，每年培养100万高技能人才。对有创业意愿并具备创业条件的农民工开展提升创业能力培训。
04	**劳动预备制培训** 对农村未能继续升学并准备进入非农产业就业或进城务工的应届初高中毕业生、农村籍退役士兵进行储备性专业技能培训。
05	**社区公益培训** 组织中高等职业院校、普通高校、技工院校开展面向农民工的公益性教育培训，与街道、社区合作，举办灵活多样的社区培训，提升农民工的职业技能和综合素质。
06	**职业技能培训能力建设** 依托现有各类职业教育和培训机构，提升改造一批职业技能实训基地。鼓励大中型企业联合技工院校、职业院校，建设一批农民工实训基地。支持一批职业教育优质特色学校和示范性中高等职业院校建设。

第三节　扩大社会保障覆盖面

扩大参保缴费覆盖面，适时适当降低社会保险费率。完善职工基本养老保险制度，实现基础养老金全国统筹，鼓励农民工积极参保、连续参保。依法将农民工纳入城镇职工基本医疗保险，允许灵活就业农民工参加当地城镇居民基本医疗保险。完善社会保险关系转移接续政策，在农村参加的养老保险和医疗保险规范接入城镇社保体系，建立全国统一的城乡居民基本养老保险制度，整合城乡居民基本医疗保险制度。强化企业缴费责任，扩大农民工参加城镇职工工伤保险、失业保险、生育保险比例。推进商业保险与社会保险衔接合作，开办各类补充性养老、医疗、健康保险。

第四节　改善基本医疗卫生条件

根据常住人口配置城镇基本医疗卫生服务资源，将农民工及其随迁家属纳入社区卫生服务体系，免费提供健康教育、妇幼保健、预防接种、传染病防控、计划生育等公共卫生服务。加强农民工聚居地疾病监测、疫情处理和突发公共卫生事件应对。鼓励有条件的地方将符合条件的农民工及其随迁家属纳入当地医疗救助范围。

第五节　拓宽住房保障渠道

采取廉租住房、公共租赁住房、租赁补贴等多种方式改善农民工居住条件。完善商品房配建保障性住房政策，鼓励社会资本参与建设。农民工集中的开发区和产业园区可以建设单元型或宿舍型公共租赁住房，农民工数量较多的企业可以在符合规定标准的用地范围内建设农民工集体宿舍。审慎探索由集体经济组织利用农村集体建设用地建设公共租赁住房。把进城落户农民完全纳入城镇住房保障体系。

第八章　建立健全农业转移人口市民化推进机制

强化各级政府责任，合理分担公共成本，充分调动社会力连构建政府主导、多方参与、成本共担、协同推进的农业转移人口市民化机制。

第一节　建立成本分担机制

建立健全由政府、企业、个人共同参与的农业转移人口市民化成本分担机制，根据农业转移人口市民化成本分类，明确成本承担主体和支出责任。

政府要承担农业转移人口市民化在义务教育、劳动就业、基本养老、基本医疗卫生、保障性住房以及市政设施等方面的公共成本。企业要落实农民工与城镇职工同工同酬制度，加大职工技能培训投入，依法为农民工缴纳职工养老、医疗、工伤、失业、生育等社会保险费用。农民工要积极参加城镇社会保险、职业教育和技能培训等，并按照规定承担相关费用，提升融入城市社会的能力。

第二节　合理确定各级政府职责

中央政府负责统筹推进农业转移人口市民化的制度安排和政策制定，省级政府负责制定本行政区农业转移人口市民化总体安排和配套政策，市县政府负责制定本行政区城市和建制镇农业转移人口市民化的具体方案和实施细则。各级政府根据基本公共服务的事权划分，承担相应的财政支出责任，增强农业转移人口落户较多地区政府的公共服务保障能力。

第三节　完善农业转移人口社会参与机制

推进农民工融入企业、子女融入学校、家庭融入社区、群体融入社会，建设包容性城市。提高各级党代会代表、人大代表、政协委员中农民工的比例，积极引导农民工参加党组织、工会和社团组织，引导农业转移人口有序参政议政和参加社会管理。加强宣传教育，提高农民工科学文化和文明素质，营造农业转移人口参与社区公共活动、建设和管理的氛围。城市政府和用工企业要加强对农业转移人口的人文关怀，丰富其精神文化生活。

第四篇　优化城镇化布局和形态

　　根据土地、水资源、大气环流特征和生态环境承载能力，优化城镇化空间布局和城镇规模结构，在《全国主体功能区规划》确定的城镇化地区，按照统筹规划、合理布局、分工协作、以大带小的原则，发展集聚效率高、辐射作用大、城镇体系优、功能互补强的城市群，使之成为支撑全国经济增长、促进区域协调发展、参与国际竞争合作的重要平台。构建以陆桥通道、沿长江通道为两条横轴，以沿海、京哈京广、包昆通道为三条纵轴，以轴线上城市群和节点城市为依托、其他城镇化地区为重要组成部分，大中小城市和小城镇协调发展的"两横三纵"城镇化战略格局。

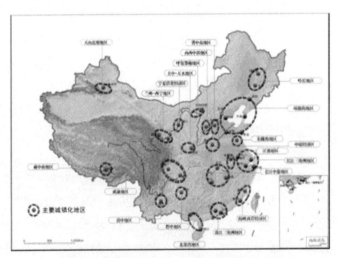

图3　《全国主体功能区规划》确定的城镇化战略格局示意图

第九章　优化提升东部地区城市群

　　东部地区城市群主要分布在优化开发区域，面临水土资源和生态环境压力加大、要素成本快速上升、国际市场竞争加剧等制约，必须加快经济转型升级、空间结构优化、资源永续利用和环境质量提升。

京津冀、长江三角洲和珠江三角洲城市群，是我国经济最具活力、开放程度最高、创新能力最强、吸纳外来人口最多的地区，要以建设世界级城市群为目标，继续在制度创新、科技进步、产业升级、绿色发展等方面走在全国前列，加快形成国际竞争新优势，在更高层次参与国际合作和竞争，发挥其对全国经济社会发展的重要支撑和引领作用。科学定位各城市功能，增强城市群内中小城市和小城镇的人口经济集聚能力，引导人口和产业由特大城市主城区向周边和其他城镇疏散转移。依托河流、湖泊、山峦等自然地理格局建设区域生态网络。

东部地区其他城市群，要根据区域主体功能定位，在优化结构、提高效益、降低消耗、保护环境的基础上，壮大先进装备制造业、战略性新兴产业和现代服务业，推进海洋经济发展。充分发挥区位优势，全面提高开放水平，集聚创新要素，增强创新能力，提升国际竞争力。统筹区域、城乡基础设施网络和信息网络建设，深化城市间分工协作和功能互补，加快一体化发展。

第十章　培育发展中西部地区城市群

中西部城镇体系比较健全、城镇经济比较发达、中心城市辐射带动作用明显的重点开发区域，要在严格保护生态环境的基础上，引导有市场、有效益的劳动密集型产业优先向中西部转移，吸纳东部返乡和就近转移的农民工，加快产业集群发展和人口集聚，培育发展若干新的城市群，在优化全国城镇化战略格局中发挥更加重要的作用。

加快培育成渝、中原、长江中游、哈长等城市群，使之成为推动国土空间均衡开发、引领区域经济发展的重要增长极。加大对内对外开放力度，有序承接国际及沿海地区产业转移，依托优势资源发展特色产业，加快新型工业化进程，壮大现代产业体系，完善基础设施网络，健全功能完备、布局合理的城镇体系，强化城市分工合作，提升中心城市辐射带动能力，形成经济充满活力、生活品质优良、生态环境优美的新型城市群。依托陆桥通道上的城市群和节点城市，构建丝绸之路经济带，推动形成与中亚乃至整个欧亚大陆的区域大合作。

中部地区是我国重要粮食主产区，西部地区是我国水源保护区和生态涵养区。培育发展中西部地区城市群，必须严格保护耕地特别是基本农田，严格保护水资源，严格控制城市边界无序扩张，严格控制污染物排放，切实加强生态保护和环境治理，彻底改变粗放低效的发展模式，确保流域生态安全和粮食生产安全。

第十一章　建立城市群发展协调机制

统筹制定实施城市群规划，明确城市群发展目标、空间结构和开发方向，明确各城市的功能定位和分工，统筹交通基础设施和信息网络布局，加快推进城市群一体化进程。加强城市群规划与城镇体系规划、土地利用规划、生态环境规划等的衔接，依法开展规划环境影响评价。中央政府负责跨省级行政区的城市群规划编制和组织实施，省级政府负责本行政区内的城市群规划编制和组织实施。

建立完善跨区域城市发展协调机制。以城市群为主要平台，推动跨区域城市间产业分工、基础设施、环境治理等协调联动。重点探索建立城市群管理协调模式，创新城市群要素市场管理机制，破除行政壁垒和垄断，促进生产要素自由流动和优化配置。建立城市群成本共担和利益共享机制，加快城市公共交通"一卡通"服务平台建设，推进跨区域互联互通，促进基础设施和公共服务设施共建共享，促进创新资源高效配置和开放共享，推动区域环境联防联控联治，实现城市群一体化发展。

第十二章　促进各类城市协调发展

优化城镇规模结构，增强中心城市辐射带动功能，加快发展中小城市，有重点地发展小城镇，促进大中小城市和小城镇协调发展。

第一节　增强中心城市辐射带动功能

直辖市、省会城市、计划单列市和重要节点城市等中心城市，是我国城镇化发展的重要支撑。沿海中心城市要加快产业转型升级，提高参与全球产业分工的层次，延伸面向腹地的产业和服务链，加快提升国际化程度和国际竞争力。内陆中心城市要加大开发开放力度，健全以先进制造业、战略性新兴产业、现代服务业为主的产业体系，提升要素集聚、科技创新、高端服务能力，发挥规模效应和带动效应。区域重要节点城市要完善城市功能，壮大经济实力，加强协作对接，实现集约发展、联动发展、互补发展。特大城市要适当疏散经济功能和其他功能，推进劳动密集型加工业向外转移，加强与周边城镇基础设施连接和公共服务共享，推进中心城区功能向1小时交通圈地区扩散，培育形成通勤高效、一体发展的都市圈。

第二节　加快发展中小城市

把加快发展中小城市作为优化城镇规模结构的主攻方向，加强产业和公共服务资源布局引导，提升质量、增加数量。鼓励引导产业项目在资源环境承载力强、发展潜力大的中小城市和县城布局，依托优势资源发展特色产业，夯实产业基础。加强市政基础设施和公共服务设施建设，教育医疗等公共资源配置要向中小城市和县城倾斜，引导高等学校和职业院校在中小城市布局、优质教育和医疗机构在中小城市设立分支机构，增强集聚要素的吸引力。完善设市标准，严格审批程序，对具备行政区划调整条件的县可有序改为市，把有条件的县城和重点镇发展成为中小城市。培育壮大陆路边境口岸城镇，完善边境贸易、金融服务、交通枢纽等功能，建设国际贸易物流节点和加工基地。

专栏 3　重点建设的陆路边境口岸城镇

01	**面向东北亚**
	丹东、集安、临江、长白、和龙、图们、珲春、黑河、绥芬河、抚远、同江、东宁、满洲里、二连浩特、甘其毛都、策克
02	**面向中亚西亚**
	喀什、霍尔果斯、伊宁、博乐、阿拉山口、塔城
03	**面向东南亚**
	东兴、凭祥、宁明、龙州、大新、靖西、那坡、瑞丽、磨憨、畹町、河口
04	**面向南亚**
	樟木、吉隆、亚东、普兰、日屋

第三节　有重点地发展小城镇

按照控制数量、提高质量、节约用地、体现特色的要求，推动小城镇发展与疏解大城市中心城区功能相结合、与特色产业发展相结合、与服务"三农"相结合。大城市周边的重点镇，要加强与城市发展的统筹规划和功能配套，逐步发展成为卫星城。具有特色资源、区位优势的小城镇，要通过规划引导、市场运作，培育成为文化旅游、商贸物流、资源加工、交通枢纽等专业特色镇。远离中心城市的小城镇和林场、农场等，要完善基础设施和公共服务，发展成为服务农村、带动周边的综合性小城镇。对吸纳人口多、经济实力强的镇，可赋予同人口和经济规模相适应的管理权。

专栏4　县城和重点镇基础设施提升工程

01　**公共供水**
　　加强供水设施建设，实现县城和重点镇公共供水普及率85％以上。

02　**污水处理**
　　因地制宜建设集中污水处理厂或分散型生态处理设施，使所有县城和重点镇具备污水处理能力，实现县城污水处理率达85％左右、重点镇达70％左右。

03　**垃圾处理**
　　实现县城具备垃圾无害化处理能力，按照以城带乡模式，推进重点镇垃圾无害化处理，重点建设垃圾收集、转运设施，实现重点镇垃圾收集、转运全覆盖。

04　**道路交通**
　　统筹城乡交通一体化发展，县城基本实现高等级公路连通，重点镇积极发展公共交通。

05　**燃气供热**
　　加快城镇天然气（含煤层气等）管网、液化天然气（压缩天然气）站、集中供热等设施建设，因地制宜发展大中型沼气、生物质燃气和地热能，县城逐步推进燃气替代生活燃煤，北方地区县城和重点镇集中供热水平明显提高。

06　**分布式能源**
　　城镇建设和改造要优先采用分布式能源，资源丰富地区的城镇新能源和可再生能源消费比重显著提高。鼓励条件适宜的地区大力促进可再生能源建筑应用。

第十三章　强化综合交通运输网络支撑

完善综合运输通道和区际交通骨干网络，强化城市群之间交通联系，加快城市群交通一体化规划建设，改善中小城市和小城镇对外交通，发挥综合交通运输网络对城镇化格局的支撑和引导作用。到2020年，普通铁路网覆盖20万以上人口城市，快速铁路网基本覆盖50万以上人口城市；普通国道基本覆盖县城，国家高速公路基本覆盖20万以上人口城市；民用航空网络不断扩展，航空服务覆盖全国90％左右的人口。

第一节　完善城市群之间综合交通运输网络

依托国家"五纵五横"综合运输大通道，加强东中部城市群对外交通骨干网络薄弱环节建设，加快西部城市群对外交通骨干网络建设，形成以铁路、高速公路为骨干，以普通国省道为基础，与民航、水路和管道共同组成的连接东西、纵贯南北的综合交通运输网络，支撑国家"两横三纵"城镇化战略格局。

第二节　构建城市群内部综合交通运输网络

按照优化结构的要求，在城市群内部建设以轨道交通和高速公路为骨干，以普通公路为基础，有效衔接大中小城市和小城镇的多层次快速交通运输网络。提升东部地区城市群综合交通运输一体化水平，建成以城际铁路、高速公路为主体的快速客运和大能力货运网络。推进中西部地区城市群内主要城市之间的快速铁路、高速公路建设，逐步形成城市群内快速交通运输网络。

第三节　建设城市综合交通枢纽

建设以铁路、公路客运站和机场等为主的综合客运枢纽，以铁路和公路货运场站、港口和机场等为主的综合货运枢纽，优化布局，提升功能。依托综合交通枢纽，加强铁路、公路、民航、水运与城市轨道交通、地面公共交通等多种交通方式的衔接，完善集疏运系统与配送系统，实现客运"零距离"换乘和货运无缝衔接。

第四节　改善中小城市和小城镇交通条件

加强中小城市和小城镇与交通干线、交通枢纽城市的连接，加快国省干线公路升级改造，提高中小城市和小城镇公路技术等级、通行能力和铁路覆盖率，改善交通条件，提升服务水平。

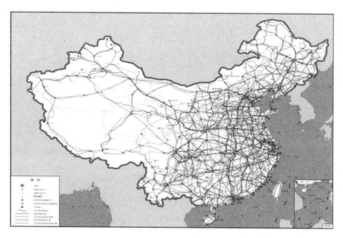

图 4　全国主要城市综合交通运输网络示意图

第五篇　提高城市可持续发展能力

加快转变城市发展方式，优化城市空间结构，增强城市经济、基础设施、公共服务和资源环境对人口的承载能力，有效预防和治理"城市病"，建设和谐宜居、富有特色、充满活力的现代城市。

第十四章　强化城市产业就业支撑

调整优化城市产业布局和结构，促进城市经济转型升级，改善营商环境，增强经济活力，扩大就业容连把城市打造成为创业乐园和创新摇篮。

第一节　优化城市产业结构

根据城市资源环境承载能力、要素禀赋和比较优势，培育发展各具特色的城市产业体系。改造提升传统产业，淘汰落后产能，壮大先进制造业和节能环保、新一代信息技术、生物、新能源、新材料、新能源汽车等战略性新兴产业。适应制造业转型升级要求，推动生产性服务业专业化、市场化、社会化发展，引导生产性服务业在中心城市、制造业密集区域集聚；适应居民消费需求多样化，提升生活性服务业水平，扩大服务供给，提高服务质量推动特大城市和大城市形成以服务经济为主的产业结构。强化城市间专业化分工协作，增强中小城市产业承接能力，构建大中小城市和小城镇特色鲜明、优势互补的产业发展格局。推进城市污染企业治理改造和环保搬迁。支持资源枯竭城市发展接续替代产业。

第二节　增强城市创新能力

顺应科技进步和产业变革新趋势，发挥城市创新载体作用，依托科技、教育和人才资源优势，推动城市走创新驱动发展道路。营造创新的制度环境、政策环境、金融环境和文化氛围，激发全社会创新活力，推动技术创新、商业模式创新和管理创新。建立产学研协同创新机制，强化企业在技术创新中的主体地位，发挥大型企业创新骨干作用，激发中小企业创新活力。建设创新基地，集聚创新人才，培育创新集群，完善创新服务体系，发展创新公共平台和风险投资机构，推进创新成果资本化、产业化。加强知识产权运用和保护，健全技术创新激励机制。推动高等学校提高创新人才培养能力，加快现代职业教育体系建设，系统构建从中职、高职、本科层次职业教育到专业学位研究生教育的技术技能人才培养通道，推进中高职衔接和职普沟通。引导部分地方本科高等学校转型发展为应用技术类型高校。试行普通高校、高职院校、成人高校之间的学分转换，为学生多样化成才提供选择。

第三节 营造良好就业创业环境

发挥城市创业平台作用，充分利用城市规模经济产生的专业化分工效应，放宽政府管制，降低交易成本，激发创业活力。完善扶持创业的优惠政策，形成政府激励创业、社会支持创业、劳动者勇于创业新机制。运用财政支持、税费减免、创业投资引导、政策性金融服务、小额贷款担保等手段，为中小企业特别是创业型企业发展提供良好的经营环境，促进以创业带动就业。促进以高校毕业生为重点的青年就业和农村转移劳动力、城镇困难人员、退役军人就业。结合产业升级开发更多适合高校毕业生的就业岗位，实行激励高校毕业生自主创业政策，实施离校未就业高校毕业生就业促进计划。合理引导高校毕业生就业流向，鼓励其到中小城市创业就业。

第十五章 优化城市空间结构和管理格局

按照统一规划、协调推进、集约紧凑、疏密有致、环境优先的原则，统筹中心城区改造和新城新区建设，提高城市空间利用效率，改善城市人居环境。

第一节 改造提升中心城区功能

推动特大城市中心城区部分功能向卫星城疏散，强化大中城市中心城区高端服务、现代商贸、信息中介、创意创新等功能。完善中心城区功能组合，统筹规划地上地下空间开发，推动商业、办公、居住、生态空间与交通站点的合理布局与综合利用开发。制定城市市辖区设置标准，优化市辖区规模和结构。按照改造更新与保护修复并重的要求，健全旧城改造机制，优化提升旧城功能。加快城区老工业区搬迁改造，大力推进棚户区改造，稳步实施城中村改造，有序推进旧住宅小区综合整治、危旧住房和非成套住房改造，全面改善人居环境。

专栏5　棚户区改造行动计划

01　**城市棚户区改造**

加快推进集中成片城市棚户区改造，逐步将其他棚户区、城中村改造统一纳入城市棚户区改造范围，到2020年基本完成城市棚户区改造任务。

02	**国有工矿棚户区改造**
	将位于城市规划区内的国有工矿棚户区统一纳入城市棚户区改造范围，按照属地原则将铁路、钢铁、有色、黄金等行业棚户区纳入各地棚户区改造规划组织实施。
03	**国有林区棚户区改造**
	加快改造国有林区棚户区和国有林场危旧房，将国有林区（场）外其他林业基层单位符合条件的住房困难人员纳入当地城镇住房保障体系。
04	**国有垦区危房改造**
	加快改造国有垦区危房，将华侨农场非归难侨危房改造统一纳入垦区危房改造中央补助支持范围。

第二节　严格规范新城新区建设

严格新城新区设立条件，防止城市边界无序蔓延。因中心城区功能过度叠加、人口密度过高或规避自然灾害等原因，确需规划建设新城新区，必须以人口密度、产出强度和资源环境承载力为基准，与行政区划相协调，科学合理编制规划，严格控制建设用地规模控制建设标准过度超前。统筹生产区、办公区、生活区、商业区等功能区规划建设，推进功能混合和产城融合，在集聚产业的同时集聚人口，防止新城新区空心化。加强现有开发区城市功能改造，推动单一生产功能向城市综合功能转型，为促进人口集聚、发展服务经济拓展空间。

第三节　改善城乡接合部环境

提升城乡接合部规划建设和管理服务水平，促进社区化发展，增强服务城市、带动农村、承接转移人口功能。加快城区基础设施和公共服务设施向城乡接合部地区延伸覆盖，规范建设行为，加强环境整治和社会综合治理，改善生活居住条件。保护生态用地和农用地，形成有利于改善城市生态环境质量的生态缓冲地带。

第十六章　提升城市基本公共服务水平

加强市政公用设施和公共服务设施建设，增加基本公共服务供给，增强对人口集聚和服务的支撑能力。

第一节　优先发展城市公共交通

将公共交通放在城市交通发展的首要位置，加快构建以公共交通为主体的城市机动化出行系统，积极发展快速公共汽车、现代有轨电车等大容量地面公共交通系统，科学有序地推进城市轨道交通建设。优化公共交通站点和线路设置，推动形成公共交通优先通行网络，提高覆盖率、准点率和运行速度，基本实现100万人口以上城市中心城区公共交通站点500米全覆盖。强化交通综合管理，有效调控、合理引导个体机动化交通需求。推动各种交通方式、城市道路交通管理系统的信息共享和资源整合。

第二节　加强市政公用设施建设

建设安全高效便利的生活服务和市政公用设施网络体系。优化社区生活设施布局，健全社区养老服务体系，完善便民利民服务网络，打造包括物流配送、便民超市、平价菜店、家庭服务中心等在内的便捷生活服务圈。加强无障碍环境建设。合理布局建设公益性菜市场、农产品批发市场。统筹电力、通信、给排水、供热、燃气等地下管网建设，推行城市综合管廊，新建城市主干道路、城市新区、各类园区应实行城市地下管网综合管廊模式。加强城镇水源地保护与建设和供水设施改造与建设，确保城镇供水安全。加强防洪设施建设，完善城市排水与暴雨外洪内涝防治体系，提高应对极端天气能力。建设安全可靠、技术先进、管理规范的新型配电网络体系，加快推进城市清洁能源供应设施建设，完善燃气输配、储备和供应保障系统，大力发展热电联产，淘汰燃煤小锅炉。加强城镇污水处理及再生利用设施建设，推进雨污分流改造和污泥无害化处置。提高城镇生活垃圾无害化处理能力。合理布局建设城市停车场和立体车库，新建大中型商业设施要配建货物装卸作业区和停车场，新建办公区和住宅小区要配建地下停车场。

第三节　完善基本公共服务体系

根据城镇常住人口增长趋势和空间分布，统筹布局建设学校、医疗卫生机构、文化设施、体育场所等公共服务设施。优化学校布局和建设规模，合理配置中小学和幼儿园资源。加强社区卫生服务机构建设，健全与医院分工协作、双向转诊的城市医疗服务体系。完善重大疾病防控、妇幼保健等专业公共卫生和计划生育服务网络。加强公共文化、公共体育、就业服务、社保经办和便民利民服务设施建设。创新公共服务供给方式，引入市场机制，扩大政府购买服务规模，实现供给主体和方式多元化，根据经济社会发展状况和财力水平，逐步提高城镇居民基本公共服务水平，在学有所教、劳有所得、病有所医、老有所养、住有所居上持续取得新进展。

第十七章　提高城市规划建设水平

适应新型城镇化发展要求，提高城市规划科学性，加强空间开发管制，健全规划管理体制机制，严格建筑规范和质量管理，强化实施监督，提高城市规划管理水平和建筑质量。

第一节　创新规划理念

把以人为本、尊重自然、传承历史、绿色低碳理念融入城市规划全过程。城市规划要由扩张性规划逐步转向限定城市边界、优化空间结构的规划，科学确立城市功能定位和形态，加强城市空间开发利用管制，合理划定城市"三区四线"，合理确定城市规模、开发边界、开发强度和保护性空间，加强道路红线和建筑红线对建设项目的定位控制。统筹规划城市空间功能布局，促进城市用地功能适度混合。合理设定不同功能区土地开发利用的容积率、绿化率、地面渗透率等规范性要求。建立健全城市地下空间开发利用协调机制。统筹规划市区、城郊和周边乡村发展。

专栏6　城市"三区四线"规划管理

01　禁建区

基本农田、行洪河道、水源地一级保护区、风景名胜区核心区、自然保护区核心区和缓冲区、森林湿地公园生态保育区和恢复重建区、地质公园核心区、道路红线、区域性市政走廊用地范围内、城市绿地、地质灾害易发区、矿产产空区、文物保护单位保护范围等，禁止城市建设开发活动。

02　限建区

水源地二级保护区、地下水防护区、风景名胜区非核心区、自然保护区非核心区和缓冲区、森林公园非生态保育区、湿地公园非保育区和恢复重建区、地质公园非核心区、海陆交界生态敏感区和灾害易发区、文物保护单位建设控制地带、文物地下埋藏区、机场噪声控制区、市政走廊预留和道路红线外控制区、矿产采空区外围、地质灾害低易发区、蓄滞洪区、行洪河道外围一定范围等，限制城市建设开发活动。

03　适建区

在已经划定为城市建设用地的区域，合理安排生产用地、生活用地和生态用地，合理确定开发时序、开发模式和开发强度。

04　**绿线**

划定城市各类绿地范围的控制线，规定保护要求和控制指标。

05　**蓝线**

划定在城市规划中确定的江、河、湖、库、渠和湿地等城市地表水体保护和控制的地域界线，规定保护要求和控制指标。

06　**紫线**

划定国家历史文化名城内的历史文化街区和省、自治区、直辖市人民政府公布的历史文化街区的保护范围界线，以及城市历史文化街区外经县级以上人民政府公布保护的历史建筑的保护范围界线。

07　**黄线**

划定对城市发展全局有影响，必须控制的城市基础设施用地的控制界线，规定保护要求和控制指标。

第二节　完善规划程序

完善城市规划前期研究、规划编制、衔接协调、专家论证、公众参与、审查审批、实施管理、评估修编等工作程序，探索设立城市总规划师制度，提高规划编制科学化、民主化水平。推行城市规划政务公开，加大公开公示力度。加强城市规划与经济社会发展、主体功能区建设、国土资源利用、生态环境保护、基础设施建设等规划的相互衔接。推动有条件地区的经济社会发展总体规划、城市规划、土地利用规划等"多规合一"。

第三节　强化规划管控

保持城市规划权威性、严肃性和连续性，坚持"一本规划，一张蓝图"持之以恒加以落实，防止换一届领导改一次规划。加强规划实施全过程监管，确保依规划进行开发建设。健全国家城乡规划督察员制度，以规划强制性内容为重点，加强规划实施督察，对违反规划行为进行事前事中监管。严格实行规划实施责任追究制度，加大对政府部门、开发主体、居民个人违法违规行为的责任追究和处罚力度。制定城市规划建设考核指标体系，加强地方人大对城市规划实施的监督检查，将城市规划实施情况纳入地方党政领导干部核和离任审计。运用信息化等手段，强化对城市规划管控的技术支撑。

第四节　严格建筑质量管理

强化建筑设计、施工、监理和建筑材料、装修装饰等全流程质量管控。严格执行先勘察、后设计、再施工的基本建设程序，加强建筑市场各类主体的资质资格管理，推行质量体系认证制度，加大建筑工人职业技能培训力度。坚决打击建筑工程招投标、分包转包、材料采购、竣工验收等环节的违法违规行为，惩治擅自改变房屋建筑主体和承重结构等违规行为。健全建筑档案登记、查询和管理制度，强化建筑质量责任追究和处理，实行建筑质量责任终身追究制度。

第十八章　推动新型城市建设

顺应现代城市发展新理念新趋势，推动城市绿色发展，提高智能化水平，增强历史文化魅力，全面提升城市内在品质。

第一节　加快绿色城市建设

将生态文明理念全面融入城市发展，构建绿色生产方式、生活方式和消费模式。严格控制高耗能、高排放行业发展。节约集约利用土地、水和能源等资源，促进资源循环利用，控制总量提高效率。加快建设可再生能源体系，推动分布式太阳能、风能、生物质能、地热能多元化、规模化应用，提高新能源和可再生能源利用比例。实施绿色建筑行动计划，完善绿色建筑标准及认证体系、扩大强制执行范围，加快既有建筑节能改造，大力发展绿色建材，强力推进建筑工业化。合理控制机动车保有量，加快新能源汽车推广应用，改善步行、自行车出行条件，倡导绿色出行。实施大气污染防治行动计划，开展区域联防联控联治，改善城市空气质量。完善废旧商品回收体系和垃圾分类处理系统，加强城市固体废弃物循环利用和无害化处置。合理划定生态保护红线，扩大城市生态空间，增加森林、湖泊、湿地面积，将农村废弃地、其他污染土地、工矿用地转化为生态用地，在城镇化地区合理建设绿色生态廊道。

专栏7　绿色城市建设重点

01　**绿色能源**

推进新能源示范城市建设和智能微电网示范工程建设，依托新能源示范城市建设分布式光伏发电示范区。在北方地区城镇开展风电清洁供暖示范工程。选择部分县城开展可再生能源热利用示范工程，加强绿色能源县建设。

02 **绿色建筑**

推进既有建筑供热计量和节能改善，基本完成北方采暖地区居住建筑供热计量和节能改造。积极推进夏热冬冷地区建筑节能改造和公共建筑节能改造。逐步提高新建建筑能效水平，严格执行节能标准，积极推进建筑工业化、标准化，提高住宅工业化比例，政府投资的公益性建筑、保障性住房和大型公共建筑全面执行绿色建筑标准和认证。

03 **绿色交通**

加快发展新能源、小排量等环保型汽车，加快充电站、充电桩、加气站等配备设施建设，加强步行和自行车等慢行交通系统建设，积极推进混合动力、纯电动、天然气等新能源和清洁燃料车辆在公共交通行业的示范应用。推进机场、车站、码头节能节水改造。推广使用太阳能等可再生能源，继续严格实行运营车辆燃料消耗量准入制度，到 2020 年淘汰全部黄标车。

04 **产业园区循环化改造**

以国家级和省级产业园区为重点，推进循环化改造，实现土地集约利用、废物交换利用、能量梯级利用、废水循环使用和污染物集中处理。

05 **城市环境综合整治**

实施清洁空气工程，强化大气污染综合防治，明显改善城市空气质量，实施安全饮用水工程，治理地表水、地下水、实现水质、水量双保障；开展存量生活垃圾治理工作；实施重金属污染防治工程，推进重点地区污染场地和土壤修复治理。实施森林、湿地保护与修复。

06 **绿色新生活行动**

在衣食住行游等方面，如快向简约适度、绿色低碳、文明节约方式转变。培育生态文化、引导绿色消费，推广节能环保型汽车、节能省地型住宅。健全城市废旧商品回收体系和餐厨废弃物资源化利用体系，减少使用一次性产品，抑制商品过度包装。

第二节　推进智慧城市建设

统筹城市发展的物质资源、信息资源和智力资源利用，推动物联网、云计算、大数据等新一代信息技术创新应用，实现与城市经济社会发展深度融合。强化信息网络、数据中心等信息基础设施建设。促进跨部门、跨行业、跨地区的政务信息共享和业务协同，强化信息资源社会化开发利用，推广智慧化信息应用和新型信息服务，促进城市规划管理信息化、基础设施智能化、公共服务便捷化、产业发展现代化、社会治理精细化。增强城市要害信息系统和关键信息资源的安全保障能力。

专栏8　智慧城市建设方向

01　信息网络宽带化
推进光纤到户和"光进铜退",实现光纤网络基本覆盖城市家庭,城市宽带接入能力达到50Mbps,50％家庭达到100Mbps,发达城市部分家庭达到1Gbps。推动4G网络建设,加快城市公共热点区域无线局域网覆盖。

02　规划管理信息化
发展数字化城市管理,推动平台建设和功能拓展,建立城市统一的地理空间信息平台及建(构)筑物数据库,构建智慧城市公共信息平台,统筹推进城市规划、国土利用、城市管网、园林绿化、环境保护等市政基础设施管理的数字化和精准化。

03　基础设施智能化
发展智能交通,实现交通诱导、指挥控制、调度管理和应急处理的智能化,发展智能电网,支持分布式能源的接入、居民和企业用电的智能管理,发展智能水表,构建覆盖供水全过程、保障供水质量安全的智能排水和污水处理系统。发展智能管网,实现城市地下空间、地下管网的信息化管理和运行监控智能化。发展智能建筑,实现建筑设施、设备、节能、安全的智能化管制。

04　公共服务便捷化
建立跨部门跨地区业务协同、共建共享的公共服务信息服务体系。利用信息技术,创新发展城市教育、就业、社保、养老、医疗和文化的服务模式。

05　产业发展现代化
加快传统产业信息化改造,推进制造模式向数字化、网络化、智能化、服务化转变。积极发展信息服务化,推动电子商务和物流信息化集成发展,创新并培育新型业务。

06　社会治理精细化
在市场监管、环境监管、信用服务、应急保障、治安防控、公共安全等社会治理领域,深化信息应用,建立完善的相关信息服务体系,创新社会治理方式。

第三节　注重人文城市建设

发掘城市文化资源,强化文化传承创新,把城市建设成为历史底蕴厚重、时代特色鲜明的人文魅力空间。注重在旧城改造中保护历史文化遗产、民族文化风格和传统风貌，促进功能提升与文化文物保护相结合。注重在新城新区建设中融入传统文化元素，与原有城市自然人文特征相协调。加强历史文化名城名镇、历史文化街区、民族风情小镇文化资源挖掘和文化生态的整体保护，传承和弘扬优秀传统文化，推动地方特色文化发展，保存城市文化记忆。培育和践行社会主义核心价值观，加快完善文化管理体制和文化生产经营机制，建立健全现代公共文化服务体系、现代文化市场体系。鼓励城市文化多样化发展，促进传统文化与现代文化、本土文化与外来文化交融，形成多元开放的现代城市文化。

专栏 9　人文城市建设重点

01　**文化和自然遗产保护**
加强国家重大文化和自然遗产地、国家考古遗址公园、全国重点文物保护单位、历史文化名城名镇名村保护设施建设，加强城市重要历史建筑和历史文化街区保护，推进非物质文化遗产保护利用设施建设。

02　**文化设施**
建设城市公共图书馆、文化馆、博物馆、美术馆等文化设施，每个社区配套建设文化活动设施，发展中小城市影剧院。

03　**体育设施**
建设城市体育场（馆）和群众性户外体育健身场地，每个社区有便捷实用的体育健身设施。

04　**休闲设施**
建设城市生态休闲公园、文化休闲街区、休闲步道、城郊休憩带。

05　**公共设施免费开放**
逐步免费开放公共图书馆、文化馆（站）、博物馆、美术馆、纪念馆、科技馆、青少年宫和公益性城市公园。

第十九章　加强和创新城市社会治理

树立以人为本、服务为先理念，完善城市治理结构，创新城市治理方式，提升城市社会治理水平。

第一节　完善城市治理结构

顺应城市社会结构变化新趋势，创新社会治理体制，加强党委领导，发挥政府主导作用，鼓励和支持社会各方面参与，实现政府治理和社会自我调节、居民自治良性互动。坚持依法治理，加强法治保障，运用法治思维和法治方式化解社会矛盾。坚持综合治理，强化道德约束，规范社会行为，调节利益关系，协调社会关系，解决社会问题。坚持源头治理，标本兼治、重在治本，以网格化管理、社会化服务为方向，健全基层综合服务管理平台，及时反映和协调人民群众各方面各层次利益诉求。加强城市社会治理法律法规、体制机制、人才队伍和信息化建设。激发社会组织活力，加快实施政社分开，推进社会组织明确权责、依法自治、发挥作用。适合由社会组织提供的公共服务和解决的事项，交由社会组织承担。

第二节　强化社区自治和服务功能

健全社区党组织领导的基层群众自治制度，推进社区居民依法民主管理社区公共事务和公益事业。加快公共服务向社区延伸，整合人口、劳动就业、社保、民政、卫生计生、文化以及综治、维稳、信访等管理职能和服务资源，加快社区信息化建设，构建社区综合服务管理平台。发挥业主委员会、物业管理机构、驻区单位积极作用，引导各类社会组织、志愿者参与社区服务和管理。加强社区社会工作专业人才和志愿者队伍建设，推进社区工作人员专业化和职业化。加强流动人口服务管理。

第三节　创新社会治安综合治理

建立健全源头治理、动态协调、应急处置、相互衔接、相互支撑的社会治安综合治理机制。创新立体化社会治安防控体系，改进治理方式，促进多部门城市管理职能整合，鼓励社会力量积极参与社会治安综合治理。及时解决影响人民群众安全的社会治安问题，加强对城市治安复杂部位的治安整治和管理。理顺城管执法体制，提高执法和服务水平。加大依法管理网络力度，加快完善互联网管理领导体制，确保国家网络和信息安全。

第四节　健全防灾减灾救灾体制

完善城市应急管理体系，加强防灾减灾能力建设，强化行政问责制和责任追究制。着眼抵御台风、洪涝、沙尘暴、冰雪、干旱、地震、山体滑坡等自然灾害，完善灾害监测和预警体系，加强城市消防、防洪、排水防涝、抗震等设施和救援救助能力建设，提高城市建筑灾害设防标准，合理规划布局和建设应急避难场所，强化公共建筑物和设施应急避难功能。完善突发公共事件应急预案和应急保障体系。加强灾害分析和信息公开，开展市民风险防范和自救互救教育，建立巨灾保险制度，发挥社会力量在应急管理中的作用。

第六篇　推动城乡发展一体化

坚持工业反哺农业、城市支持农村和"多予、少取、放活、方针"，加大统筹城乡发展力度，增强农村发展活力，逐步缩小城乡差距，促进城镇化和新农村建设协调推进。

第二十章　完善城乡发展一体化体制机制

加快消除城乡二元结构的体制机制障碍，推进城乡要素平等交换和公共资源均衡配置，让广大农民平等参与现代化进程、共同分享现代化成果。

第一节　推进城乡统一要素市场建设

加快建立城乡统一的人力资源市场，落实城乡劳动者平等就业、同工同酬制度。建立城乡统一的建设用地市场，保障农民公平分享土地增值收益。建立健全有利于农业科技人员下乡、农业科技成果转化、先进农业技术推广的激励和利益分享机制。创新面向"三农"的金融服务，统筹发挥政策性金融、商业性金融和合作性金融的作用，支持具备条件的民间资本依法发起设立中小型银行等金融机构，保障金融机构农村存款主要用于农业农村。加快农业保险产品创新和经营组织形式创新，完善农业保险制度。鼓励社会资本投向农村建设，引导更多人才、技术、资金等要素投向农业农村。

第二节　推进城乡规划、基础设施和公共服务一体化

统筹经济社会发展规划、土地利用规划和城乡规划，合理安排市县域城镇建设、农田保护、产业集聚、村落分布、生态涵养等空间布局。扩大公共财政覆盖农村范围，提高基础设施和公共服务保障水平。统筹城乡基础设施建设，加快基础设施向农村延伸，强化城乡基础设施连接，推动水电路气等基础设施城乡联网、共建共享。加快公共服务向农村覆盖，推进公共就业服务网络向县以下延伸，全面建成覆盖城乡居民的社会保障体系，推进城乡社会保障制度衔接，加快形成政府主导、覆盖城乡、可持续的基本公共服务体系，推进城乡基本公共服务均等化。率先在一些经济发达地区实现城乡一体化。

第二十一章　加快农业现代化进程

坚持走中国特色新型农业现代化道路，加快转变农业发展方式，提高农业综合生产能力、抗风险能力、市场竞争能力和可持续发展能力。

第一节　保障国家粮食安全和重要农产品有效供给

确保国家粮食安全是推进城镇化的重要保障。严守耕地保护红线，稳定粮食播种面积。加强农田水利设施建设和土地整理复垦，加快中低产田改造和高标准农田建设。继续加大中央财政对粮食主产区投入，完善粮食主产区利益补偿机制，健全农产品价格保护制度，提高粮食主产区和种粮农民的积极性，将粮食生产核心区和非主产区产粮大县建设成为高产、稳产的商品粮生产基地。支持优势产区棉花、油料、糖料生产，推进畜禽水产品标准化规模养殖。坚持"米袋子"省长负责制和"菜篮子"市长负责制。完善主要农产品市场调控机制和价格形成机制，积极发展都市现代农业。

第二节　提升现代农业发展水平

加快完善现代农业产业体系，发展高产、优质、高效、生态、安全农业。提高农业科技创新能力，做大做强现代种业，健全农技综合服务体系，完善科技特派员制度，推广现代化农业技术。鼓励农业机械企业研发制造先进实用的农业技术装备，促进农机农艺融合，改善农业设施装备条件，耕种收综合机械化水平达到70％左右。创新农业经营方式，坚持家庭经营在农业中的基础性地位，推进家庭经营、集体经营、合作经营、企业经营等共同发展。鼓励承包经营权在公开市场上向专业大户、家庭农场、农民合作社、农业企业流转，发展多种形式规模经营。鼓励和引导工商资本到农村发展适合企业化经营的现代种养业，向农业输入现代生产要素和经营模式。加快构建公益性服务与经营性服务相结合、专项服务与综合服务相协调的新型农业社会化服务体系。

第三节　完善农产品流通体系

统筹规划农产品市场流通网络布局，重点支持重要农产品集散地、优势农产品产地批发市场建设，加强农产品期货市场建设。加快推进以城市便民菜市场（菜店）、生鲜超市、城乡集贸市场为主体的农产品零售市场建设。实施粮食收储供应安全保障工程，加强粮油仓储物流设施建设，发展农产品低温仓储、分级包装、电子结算。健全覆盖农产品收集、存储、加工、运输、销售各环节的冷链物流体系。加快培育现代流通方式和新型流通业态，大力发展快捷高效配送。积极推进"农批对接"、"农超对接"等多种形式的产销衔接，加快发展农产品电子商务，降低流通费用。强化农产品商标和地理标志保护。

第二十二章　建设社会主义新农村

坚持遵循自然规律和城乡空间差异化发展原则，科学规划县域村镇体系，统筹安排农村基础设施建设和社会事业发展，建设农民幸福生活的美好家园。

第一节　提升乡镇村庄规划管理水平

适应农村人口转移和村庄变化的新形势，科学编制县域村镇体系规划和镇、乡、村庄规划，建设各具特色的美丽乡村。按照发展中心村、保护特色村、整治空心村的要求，在尊重农民意愿的基础上，科学引导农村住宅和居民点建设，方便农民生产生活。在提升自然村落功能基础上，保持乡村风貌、民族文化和地域文化特色，保护有历史、艺术、科学价值的传统村落、少数民族特色村寨和民居。

第二节　加强农村基础设施和服务网络建设

加快农村饮水安全建设，因地制宜采取集中供水、分散供水和城镇供水管网向农村延伸的方式解决农村人口饮用水安全问题。继续实施农村电网改造升级工程，提高农村供电能力和可靠性，实现城乡用电同网同价。加强以太阳能、生物沼气为重点的清洁能源建设及相关技术服务。基本完成农村危房改造。完善农村公路网络，实现行政村通班车。加强乡村旅游服务网络、农村邮政设施和宽带网络建设，改善农村消防安全条件。继续实施新农村现代流通网络工程，培育面向农村的大型流通企业，增加农村商品零售、餐饮及其他生活服务网点。深入开展农村环境综合整治，实施乡村清洁工程，开展村庄整治，推进农村垃圾、污水处理和土壤环境整治，加快农村河道、水环境整治，严禁城市和工业污染向农村扩散。

第三节　加快农村社会事业发展

合理配置教育资源，重点向农村地区倾斜。推进义务教育学校标准化建设，加强农村中小学寄宿制学校建设，提高农村义务教育质量和均衡发展水平。积极发展农村学前教育，加强农村教师队伍建设，建立健全新型职业化农民教育、培训体系。优先建设发展县级医院，完善以县级医院为龙头、乡镇卫生院和村卫生室为基础的农村三级医疗卫生服务网络，向农民提供安全价廉可及的基本医疗卫生服务。加强乡镇综合文化站等农村公共文化和体育设施建设，提高文化产品和服务的有效供给能力，丰富农民精神文化生活。完善农村最低生活保障制度，健全农村留守儿童、妇女、老人关爱服务体系。

第七篇　改革完善城镇化发展体制机制

加强制度顶层设计，尊重市场规律，统筹推进人口管理、土地管理、财税金融、城镇住房、行政管理、生态环境等重点领域和关键环节体制机制改革，形成有利于城镇化健康发展的制度环境。

第二十三章　推进人口管理制度改革

在加快改革户籍制度的同时，创新和完善人口服务和管理制度，逐步消除城乡区域间户籍壁垒，还原户籍的人口登记管理功能，促进人口有序流动、合理分布和社会融合。

——建立居住证制度。全面推行流动人口居住证制度，以居住证为载体，建立健全与居住年限等条件相挂钩的基本公共服务提供机制，并作为申请登记居住地常住户口的重要依据。城镇流动人口暂住证持有年限累计进居住证。

——健全人口信息管理制度。加强和完善人口统计调查制度，进一步改进人口普查方法，健全人口变动调查制度。加快推进人口基础信息库建设，分类完善劳动就业、教育、收入、社保、房产、信用、计生、税务等信息系统，逐步实现跨部门、跨地区信息整合和共享，在此基础上建设覆盖全国、安全可靠的国家人口综合信息库和信息交换平台，到2020年在全国实行以公民身份号码为唯一标识，依法记录、查询和评估人口相关信息制度，为人口服务和管理提供支撑。

第二十四章　深化土地管理制度改革

实行最严格的耕地保护制度和集约节约用地制度，按照管住总量、严控增量、盘活存量的原则，创新土地管理制度，优化土地利用结构，提高土地利用效率，合理满足城镇化用地需求。

——建立城镇用地规模结构调控机制。严格控制新增城镇建设用地规模，严格执行城市用地分类与规划建设用地标准，实行增量供给与存量挖潜相结合的供地、用地政策，提高城镇建设使用存量用地比例。探索实行城镇建设用地增加规模与吸纳农业转移人口落户数量挂钩政策。有效控制特大城市新增建设用地规模，适度增加集约用地程度高、发展潜力大、吸纳人口多的卫星城、中小城市和县城建设用地供给。适当控制工业用地，优先安排和增加住宅用地，合理安排生态用地，保护城郊菜地和水田，统筹安排基础设施和公共服务设施用地。建立有效调节工业用地和居住用地合理比价机制，提高工业用地价格。

——健全节约集约用地制度。完善各类建设用地标准体系，严格执行土地使用标准，适当提高工业项目容积率、土地产出率门槛，探索实行长期租赁、先租后让、租让结合的工业用地供应制度，加强工程建设项目用地标准控制。建立健全规划统筹、政府引导、市场运作、公众参与、利益共享的城镇低效用地再开发激励约束机制，盘活利用现有城镇存量建设用地，建立存量建设用地退出激励机制，推进老城区、旧厂房、城中村的改造和保护性开发，发挥政府土地储备对盘活城镇低效用地的作用。加强农村土地综合整治，健全运行机制，规范推进城乡建设用地增减挂钩，总结推广工矿废弃地复垦利用等做法。禁止未经评估和无害化治理的污染场地进行土地流转和开发利用。完善土地租赁、转让、抵押二级市场。

——深化国有建设用地有偿使用制度改革。扩大国有土地有偿使用范围，逐步对经营性基础设施和社会事业用地实行有偿使用。减少非公益性用地划拨，对以划拨方式取得用于经营性项目的土地，通过征收土地年租金等多种方式纳入有偿使用范围。

——推进农村土地管理制度改革。全面完成农村土地确权登记颁证工作，依法维护农民土地承包经营权。在坚持和完善最严格的耕地保护制度前提下，赋予农民对承包地占有、使用、收益、流转及承包经营权抵押、担保权能。保障农户宅基地用益物权，改革完善农村宅基地制度，在试点基础上慎重稳妥推进农民住房财产权抵押、担保、转让，严格执行宅基地使用标准，严格禁止一户多宅。在符合规划和用途管制前提下，允许农村集体经营性建设用地出让、租赁、入股，实行与国有土地同等入市、同权同价。建立农村产权流转交易市场，推动农村产权流转交易公开、公正、规范运行。

——深化征地制度改革。缩小征地范围，规范征地程序，完善对被征地农民合理、规范、多元保障机制。建立兼顾国家、集体、个人的土地增值收益分配机制，合理提高个人收益，保障被征地农民长远发展生计。健全争议协调裁决制度。

——强化耕地保护制度。严格土地用途管制，统筹耕地数量管控和质量、生态管护，完善耕地占补平衡制度，建立健全耕地保护激励约束机制。落实地方各级政府耕地保护责任目标考核制度，建立健全耕地保护共同责任机制；加强基本农田管理，完善基本农田永久保护长效机制，强化耕地占补平衡和土地整理复垦监管。

第二十五章　创新城镇化资金保障机制

加快财税体制和投融资机制改革，创新金融服务，放开市场准入，逐步建立多元化、可持续的城镇化资金保障机制。

——完善财政转移支付制度。按照事权与支出责任相适应的原则，合理确定各级政府在教育、基本医疗、社会保障等公共服务方面的事权，建立健全城镇基本公共服务支出分担机制。建立财政转移支付同农业转移人口市民化挂钩机制，中央和省级财政安排转移支付要考虑常住人口因素。依托信息化管理手段，逐步完善城镇基本公共服务补贴办法。

——完善地方税体系。培育地方主体税种，增强地方政府提供基本公共服务能力。加快房地产税立法并适时推进改革。加快资源税改革，逐步将资源税征收范围扩展到占用各种自然生态空间。推动环境保护费改税。

——建立规范透明的城市建设投融资机制。在完善法律法规和健全地方政府债务管理制度基础上，建立健全地方债券发行管理制度和评级制度，允许地方政府发行市政债券，拓宽城市建设融资渠道。创新金融服务和产品，多渠道推动股权融资，提高直接融资比重。发挥现有政策性金融机构的重要作用，研究制定政策性金融专项支持政策，研究建立城市基础设施、住宅政策性金融机构，为城市基础设施和保障性安居工程建设提供规范透明、成本合理、期限匹配的融资服务。理顺市政公用产品和服务价格形成机制，放宽准入，完善监管，制定非公有制企业进入特许经营领域的办法，鼓励社会资本参与城市公用设施投资运营。鼓励公共基金、保险资金等参与项目自身具有稳定收益的城市基础设施项目建设和运营。

第二十六章　健全城镇住房制度

建立市场配置和政府保障相结合的住房制度，推动形成总量基本平衡、结构基本合理、房价与消费能力基本适应的住房供需格局，有效保障城镇常住人口的合理住房需求。

——健全住房供应体系。加快构建以政府为主提供基本保障、以市场为主满足多层次需求的住房供应体系。对城镇低收入和中等偏下收入住房困难家庭，实行租售并举、以租为主，提供保障性安居工程住房满足基本住房需求。稳定增加商品住房供应，大力发展二手房市场和住房租赁市场，推进住房供应主体多元化，满足市场多样化住房需求。

——健全保障性住房制度。建立各级财政保障性住房稳定投入机制，扩大保障性住房有效供给。完善租赁补贴制度，推进廉租住房、公共租赁住房并轨运行。制定公平合理、公开透明的保障性住房配租政策和监管程序，严格准入和退出制度，提高保障性住房物业管理、服务水平和运营效率。

——健全房地产市场调控长效机制。调整完善住房、土地、财税、金融等方面政策，共同构建房地产市场调控长效机制。各城市要编制城市住房发展规划，确定住房建设总量、结构和布局。确保住房用地稳定供应，完善住房用地供应机制，保障性住房用地应保尽保，先安排政策性商品住房用地，合理增加普通商品住房用地，严格控制大户型高档商品住房用地。实行差别化的住房税收、信贷政策，支持合理自住需求，抑制投机投资需求。依法规范市场秩序，健全法律法规体系，加大市场监管力度。建立以土地为基础的不动产统一登记制度，实现全国住房信息联网，推进部门信息共享。

第二十七章　强化生态环境保护制度

完善推动城镇化绿色循环低碳发展的体制机制，实行最严格的生态环境保护制度，形成节约资源和保护环境的空间格局、产业结构、生产方式和生活方式。

——建立生态文明考核评价机制。把资源消耗、环境损害、生态效益纳入城镇化发展评价体系，完善体现生态文明要求的目标体系、考核办法、奖惩机制。对限制开发区域和生态脆弱的国家扶贫开发工作重点县取消地区生产总值考核。

　　——建立国土空间开发保护制度。建立空间规划体系，坚定不移地实施主体功能区制度，划定生态保护红线，严格按照主体功能区定位推动发展，加快完善城镇化地区、农产品主产区、重点生态功能区空间开发管控制度，建立资源环境承载能力监测预警机制。强化水资源开发利用控制、用水效率控制、水功能区限制纳污管理。对不同主体功能区实行差别化财政、投资、产业、土地、人口、环境、考核等政策。

　　——实行资源有偿使用制度和生态补偿制度。加快自然资源及其产品价格改革，全面反映市场供求、资源稀缺程度、生态环境损害成本和修复效益。建立健全居民生活用电、用水、用气等阶梯价格制度。制定并完善生态补偿方面的政策法规，切实加大生态补偿投入力度，扩大生态补偿范围，提高生态补偿标准。

　　——建立资源环境产权交易机制。发展环保市场，推行节能量、碳排放权、排污权、水权交易制度，建立吸引社会资本投入生态环境保护的市场化机制，推行环境污染第三方治理。

　　——实行最严格的环境监管制度。建立和完善严格监管所有污染物排放的环境保护管理制度，独立进行环境监管和行政执法。完善污染物排放许可制，实行企事业单位污染物排放总量控制制度。加大环境执法力度，严格环境影响评价制度，加强突发环境事件应急能力建设，完善以预防为主的环境风险管理制度。对造成生态环境损害的责任者严格实行赔偿制度，依法追究刑事责任。建立陆海统筹的生态系统保护修复和污染防治区域联动机制，发展环境污染强制责任保险试点。

第八篇　规划实施

　　本规划由国务院有关部门和地方各级政府组织实施。各地区各部门要高度重视、求真务实、开拓创新、攻坚克难，确保规划目标和任务如期完成。

第二十八章　加强组织协调

　　合理确定中央与地方分工，建立健全城镇化工作协调机制。中央政府要强化制度顶层设计，统筹重大政策研究和制定，协调解决城镇化发展中的重大问题。国家发展改革委要牵头推进规划实施和相关政策落实，监督检查工作进展情况。各有关部门要切实履行职责,根据本规划提出的各项任务和政策措施,研究制订具体实施方案。地方各级政府要全面贯彻落实本规划,建立健全工作机制,因地制宜研究制定符合本地实际的城镇化规划和具体政策措施。加快培养一批专家型城市管理干部提高城镇化管理水平。

第二十九章 强化政策统筹

根据本规划制定配套政策,建立健全相关法律法规、标准体系。加强部门间政策制定和实施的协调配合,推动人口、土地、投融资、住房、生态环境等方面政策和改革举措形成合力、落到实处。城乡规划、土地利用规划、交通规划等要落实本规划要求,其他相关专项规划要加强与本规划的衔接协调。

第三十章 开展试点示范

本规划实施涉及诸多领域的改革创新,对已经形成普遍共识的问题,如长期进城务工经商的农业转移人口落户、城市棚户区改造、农民工随迁子女义务教育、农民工职业技能培训和中西部地区中小城市发展等,要加大力度,抓紧解决。对需要深入研究解决的难点问题,如建立农业转移人口市民化成本分担机制,建立多元化、可持续的城镇化投融资机制,建立创新行政管理、降低行政成本的设市设区模式,改革完善农村宅基地制度等,要选择不同区域不同城市分类开展试点。继续推进创新城市、智慧城市、低碳城镇试点。深化中欧城镇化伙伴关系等现有合作平台,拓展与其他国家和国际组织的交流,开展多形式、多领域的务实合作。

第三十一章 健全监测评估

加强城镇化统计工作,顺应城镇化发展态势,建立健全统计监测指标体系和统计综合评价指标体系,规范统计口径、统计标准和统计制度方法。加快制定城镇化发展监测评估体系,实施动态监测与跟踪分析,开展规划中期评估和专项监测,推动本规划顺利实施。